rororo

Was geht in einer lebenden Zelle vor: Welche Strukturen und Prozesse gibt es, was hält das Ganze in Gang und wie ist diese komplizierte Maschinerie im Laufe der Evolution überhaupt entstanden? «Was treibt das Leben an?» spürt den molekularen Prozessen in der Zelle nach und nähert sich damit dem Geheimnis des Lebens. Untersucht werden die Energie als Triebkraft für alle Vorgänge in der Natur, die Proteine als Werkzeuge für zelluläre Aufgaben, die Vergleichbarkeit der molekularen Maschinerie mit technischen Schöpfungen aus Menschenhand, die Entstehung von Krankheiten und das Problem der Optimierung in der Biologie. Denn Medizin und Nanotechnik können von den Arbeitsweisen der Zelle viel lernen, die Energiewirtschaft allemal.

Stephan Berry ist promovierter Chemiker und hat an der TU Berlin und der Ruhr-Universität Bochum an biophysikalischen, biochemischen und mikrobiologischen Themen experimentell und theoretisch gearbeitet. Nach einer Fortbildung in Wissenschaftsjournalismus an der Henri-Nannen-Schule in Berlin arbeitet er jetzt als freier Wissenschaftsautor.

Stephan Berry

Was treibt das Leben an?

Eine Reise in den Mikrokosmos der Zelle

Rowohlt Taschenbuch Verlag

rororo science

Lektorat Ludwig Moos

Originalausgabe

Veröffentlicht im Rowohlt Taschenbuch Verlag,

Reinbek bei Hamburg, Juni 2007

Umschlaggestaltung any.way, Barbara Hanke

(Illustration Digital Arte/Corbis; Stephan Berry)

Grafiken im Innenteil siehe Seite 236

Satz Swift PostScript (InDesign)

bei KCS GmbH, Buchholz bei Hamburg

Druck und Bindung Clausen & Bosse, Leck

Printed in Germany

ISBN 978 3 499 62257 1

Inhalt

Vorwort

Frankenstein hat sein Monster aus Leichenteilen und allem, was sonst noch so herumlag, zusammengebastelt. Das war also keine Neuerschaffung von Leben, sondern bloß Recycling. Ungleich schwieriger war die Lage, als vor ungefähr vier Milliarden Jahren das Leben auf unserem Planeten entstand: Die Evolution musste buchstäblich bei null anfangen. Gemessen daran sind die Resultate doch recht ordentlich ausgefallen.

In diesem Buch wollen wir uns näher ansehen, was die Evolution da gebastelt hat. Dabei soll es um die Bausteine des Lebens gehen, die Zellen und ihre komplizierte Maschinerie. Zellen bauen sich selber zusammen, versorgen sich selber mit Treibstoff, sie regeln und steuern sich selbst, sie führen an sich selbst Wartungs- und Reparaturarbeiten durch, und viele Zellen können sich zu guter Letzt sogar selbst entsorgen – von solcher Perfektion können menschliche Ingenieure nur träumen. Doch wie bringt die Natur das alles zuwege? Auf einer Reise in den Mikrokosmos der Zelle werden wir uns mit den Grundlagen dieser Lebensvorgänge beschäftigen.

Für alles, was sie so treibt, benötigt eine Zelle *Energie*. Ohne Energie läuft gar nichts – das weiß jeder, der schon einmal versucht hat, sein Auto mit leerer Batterie zu starten. Das gilt ebenso für biologische Prozesse, und so wird das Thema Zufuhr und Umwandlung von Energie in den Zellen einen breiten Raum einnehmen. Ausführlich werden wir uns deshalb auch mit den beiden Vorgängen beschäftigen, die letztendlich die Energiequelle für die gesamte Biosphäre unseres Planeten sind: Wie schaffen es Pflanzen und Algen, bei der Photosynthese das Sonnenlicht einzufangen und in biologisch nutzbare Energie umzuwandeln? Und was passiert bei der Atmung, die die Lebensvorgänge bei Menschen und Tieren in Gang hält?

Es soll hier allerdings nicht darum gehen, eine unendliche Fülle biologischer Einzelheiten auszubreiten – dafür gibt es dickleibige Lehrbücher und Nachschlagwerke. Wir konzentrieren uns stattdessen auf einige *wesentliche Züge* der zellulären Lebensvorgänge. Das geschieht durch zwei parallele Sichtweisen: Die eine verfolgt die *Evolution* der Strukturen und Prozesse in den Zellen. Vieles, was an heutigen Zellen so haarsträubend kompliziert wirkt, lässt sich auf einfachere Ursprünge zurückführen. Wenn man diese Geschichte rekonstruiert, werden einfache Grundmuster in der zunächst abschreckenden Komplexität der Zellen erkennbar. Der zweite Zugang fragt nach den *Gesetzmäßigkeiten*, die der molekularen Maschinerie des Lebens zugrunde liegen. Solch eine Betrachtung von grundlegenden Funktionsprinzipien, dargestellt an ausgewählten Beispielen, verhindert, dass wir uns in einem Dickicht biologischer und biochemischer Details verlieren.

Obendrein sorgt eine Vielzahl von Illustrationen dafür, dass wir nicht den Überblick verlieren, selbst wenn die biochemischen Abläufe einmal etwas verwickelter sind. Eine Reihe von zellulären Maschinen wird hier porträtiert, wobei die Abbildungen jeweils den aktuellen Wissensstand spiegeln (Einzelheiten zu den verwendeten Daten finden sich im Anhang).

Die Natur selber kommt uns übrigens bei der verständlichen Darstellung der grundlegenden Lebensprozesse zu Hilfe. Zum einen deshalb, weil viele biologische Systeme sich sehr gut mit vertrauten *technischen Analogien* vergleichen lassen: Wir werden mikroskopischen Brennstoffzellen, Antennen, Batterien und Turbinen begegnen – der Begriff *Maschine* wird aus gutem Grund eine prominente Rolle spielen. Zum anderen ist die Evolution recht knauserig, was grundlegend neue Ideen angeht. Ihre Phantasie ist begrenzt, und so greift sie immer wieder auf einen universellen Baukasten mit bewährten Lösungen zurück. Beim Rundgang durch den Maschinenraum der Zelle begegnen wir daher häufig bereits vertrauten Konzepten.

Schön, es soll in diesem Buch also zum einen um die *evolutionären Ursprünge* der zellulären Maschinerie gehen, zum anderen um ihre *Funktionsprinzipien*. Vielleicht konnte ich Sie ja mittlerweile davon überzeugen, dass man mit diesen Ansätzen das Innenleben der Zellen auch für Laien verständlich machen kann. *Warum* aber sollte man sich eigentlich dafür interessieren? Nun, wie bereits erwähnt, haben die grundlegenden Zellvorgänge viel zu tun mit dem Wesen des Lebens überhaupt oder – pathetischer formuliert – mit dem «Geheimnis des Lebens». Es gibt aber auch *praktische Bezüge* des hier behandelten Stoffes, insbesondere zu bestimmten *medizinischen Bereichen*: Viele Erkrankungen haben damit zu tun, dass in der zellulären Maschinerie etwas schiefgeht, oder auch damit, dass Krankheitserreger die Mechanismen unserer Zellen zu ihrem Vorteil manipulieren. Es handelt sich sozusagen um molekulare Betriebsunfälle beziehungsweise Sabotageakte. Andererseits ist das Verständnis der grundlegenden Zellprozesse auch nötig, um eine Vorstellung von den Wirkungsmechanismen der Medikamente zu gewinnen. Ich werde deshalb an verschiedenen Stellen auf solche medizinischen Aspekte eingehen.

Ein zweites praxisrelevantes Themengebiet ist die Frage nach den *technischen Anwendungen*. Der Trick der Pflanzen, ihren gesamten Energiebedarf allein mit Sonnenlicht zu decken, fasziniert Wissenschaftler und Ingenieure schon lange; wir werden uns die Bemühungen um künstliche Photosynthese und Biowasserstoff (der Brennstoff der Zukunft?) an passender Stelle näher ansehen. Von der Zelle lernen kann auch die so genannte «Nanotechnologie», die zurzeit einen Boom erlebt. Der Ansatz, erfolgreiche Konstruktionslösungen aus der Natur in die Technik zu übertragen, ist nicht neu: Die Bionik beschäftigt sich schon seit Jahrzehnten damit, wie man beispielsweise mit Kenntnissen über die Aerodynamik des Vogelfluges die Tragflächen von Flugzeugen optimieren kann. Die Nanotechnik überträgt in gewisser Weise den gleichen Ansatz in den molekularen Maßstab – es handelt sich um eine Art molekulare Bionik.

Eine Bemerkung noch zum Aufbau des Buches. Der Grundlagenteil stellt vor allem jene Funktionsprinzipien vor, von denen oben die Rede war. Hier lassen sich auch einige verschüttete Kenntnisse aus der Schulzeit auffrischen. (Was waren noch gleich diese verflixten Moleküle? Und wie sieht überhaupt so eine Zelle aus?) Solcherart gerüstet, können wir im zweiten Teil den eigentlichen Rundgang durch den Maschinenraum der Zelle machen. Hier sehen wir dann jene allgemeinen Prinzipien konkret in Aktion. Im dritten Teil kehren wir wieder zu mehr grundsätzlichen Fragen zurück. Wenn man schon die Gebilde der Natur als Maschinen bezeichnet, dann ist es nur konsequent, sie auch einmal unter dem technischen Aspekt der *Optimierung* zu betrachten: Wie und nach welchen Kriterien optimiert die Natur eigentlich ihre Machwerke? Wir werden sehen …

Teil I – Die Grundlagen: Worum geht es hier überhaupt?

1 Kurzer Wegweiser durch das Labyrinth der Biowissenschaften

Ein etwas vorschnippischer Philosoph, ich glaube Hamlet, Prinz von Dänemark, hat gesagt, es gebe eine Menge Dinge im Himmel und auf der Erde, wovon nichts in unseren Kompendiis steht. Hat der einfältige Mensch, der ja bekanntlich nicht recht bei Trost war, damit auf unsere Kompendia der Physik gestichelt, so kann man ihm getrost antworten: Gut, aber dafür stehn auch wieder eine Menge von Dingen in unseren Kompendiis, wovon weder im Himmel noch auf der Erde etwas vorkömmt. Georg Christoph Lichtenberg, *Aphorismen*

Die Maschinerie der Zellen ähnelt in vielerlei Hinsicht den Maschinen aus Menschenhand. So werden in beiden Fällen verschiedene Arten von Energie ineinander umgewandelt. Ein Automotor etwa setzt die chemisch gespeicherte Energie des Treibstoffes in Bewegungsenergie um. Das Gleiche passiert in unseren Muskeln, wenn Energie aus der Nahrung in Arbeit umgewandelt wird.
↗ **Biologische Maschinen: Abschnitt 2.3 und Kapitel 7; Muskelarbeit: Abschnitt 9.2**
Aber es gibt auch wichtige Unterschiede: Biologische Maschinen bestehen aus ganz anderen Materialien (hauptsächlich Eiweiß), und sie sind erheblich kleiner als die Maschinen der Technik. Ab Kapitel 2 werden wir uns im Einzelnen ansehen, wie diese biologische Maschinerie funktioniert, doch zunächst wollen wir die Auffassungen vom besonderen Wesen des Lebens und vom Verhältnis belebter zur unbelebten Materie Revue passieren lassen.

Zeugung, Geburt, Wachstum, Alter, Tod – diese Abläufe sind uns vertraut. Überall in der Welt des Lebendigen findet man Entwicklungsmuster mit Phasen des Reifens und Wachsens, aber auch des Verfalls. Man denke an das Auf und Ab der Vegetation im Rhythmus der Jahreszeiten. Bis in die Neuzeit wurde auch das Verhalten der *unbelebten* Materie in denselben Begriffen gedeutet. Demnach war Materie nichts Statisches, sie konnte wie Lebewesen wachsen, reifen, sich entwickeln. Diese Denkweise kann man als aristotelisch-alchemistisch bezeichnen: Sie findet sich bei Aristoteles und blieb das ganze Mittelalter bis in die Neuzeit lebendig, wo sie den Bemühungen der Alchemisten zugrunde lag. Die Idee vom Wachstum der unbelebten Stoffe ist durchaus wörtlich zu nehmen: So glaubte man bis in das achtzehnte Jahrhundert, dass Erzlagerstätten sich nach Abbau der Bodenschätze im «Schoß» (!) der Erde wieder regenerieren können.

In den Jahren von 1500 bis 1800 veränderten sich jedoch die Ansichten über die unbelebte und belebte Materie radikal, und es entwickelte sich eine neue Physik. Besonders deutlich wurde das Credo der neuen «mechanischen Philosophie» von dem Franzosen Pierre Gassendi (1592–1655) formuliert. Die ganze Welt besteht demnach ausschließlich aus leerem Raum und den Atomen, die darin herumfliegen und gelegentlich kollidieren. Die Atome unterscheiden sich nur durch Größe, Gestalt und Masse – andere Eigenschaften haben sie nicht.

Während in der aristotelisch-alchemistischen Denkweise das Lebendige das Modell zur Erklärung auch des Unbelebten geliefert hatte, war es nun umgekehrt: Das Unbelebte galt als Modell zur Beschreibung aller Lebensvorgänge. Die Maschine, insbesondere das Uhrwerk, wurde zu einem Bild für die gesamte Natur. Diese Sichtweise hat Johannes Kepler (1571–1630) im Jahr 1605 so formuliert: «Mein Ziel hierbei ist es zu zeigen, dass die himmlische Maschine nicht eine Art göttlichen Lebewesens ist, sondern gleichsam ein Uhrwerk.» Der französische Philosoph René Descartes (1596–1650) behauptete, dass die mechanische Philosophie ebenso alle biologischen Vorgänge erklären könne, bei ihm findet sich auch die Gleichsetzung von Tieren und Maschinen. Sein Landsmann Julien Offroy de La Mettrie (1708–1751) erklärte sogar, dass ebenso der Mensch eine Maschine sei. Nach der Veröffentlichung von «L'homme machine» (1747) musste er an den Hof von Friedrich dem Großen fliehen, der sich in der Rolle des toleranten Freigeistes gefiel. Wie Descartes beschrieb La Mettrie zwar Lebewesen als Maschinen, aber ihm war klar, dass die grobschlächtigen Hebel, Zahnräder und Pumpen seiner eigenen Zeit nicht zur Erklärung der Physiologie ausreichten. Die Ingenieurskunst der Natur war also viel subtiler als alles, was Menschen hervorbringen konnten. Heute wissen wir, dass die unglaubliche Leistungsfähigkeit einer Zelle in der Tat alles in den Schatten stellt, was wir erschaffen. Mit der Nanotechnik unternehmen wir gerade erste Gehversuche auf einem Gebiet, das die Natur schon seit Milliarden von Jahren beherrscht. Modern wirkt auch La Mettries Auffassung vom Wesen der Materie: Sie ist *an sich* weder belebt noch leblos; die Materie in Lebewesen unterscheidet sich von unbelebten Stoffen nicht durch ihre andere Natur, sondern durch ihre spezielle Organisation.

Der Engländer William Harvey (1578–1657) entdeckte 1619 den Blutkreislauf, der sich in der Tat durch rein mechanische Prinzipien erklären ließ: Das Herz ist eine Pumpe, die das Blut im Röhrensystem der Adern bewegt. Der Niederländer Hermann Boerhave (1668–1738) versuchte, auch die Wärmeerzeugung der Tiere mechanisch zu erklären: Diese Wärme sollte aus der Reibung des Blutes in den Gefäßen stammen – ein Erklärungsversuch, der leider falsch ist. Generell konnte die mechanische Philosophie wenig praktische Erfolge bei der Erforschung der Lebewesen erzielen. Mit ihrem allumfassenden Erklärungsanspruch mutierte sie zur Ideologie, aber neue Erkenntnisse lieferte sie kaum. Die mechanische Erklärbarkeit aller biologischen Vorgänge wurde zwar behauptet, aber nicht bewiesen.

Harvey selbst hielt übrigens die Mechanik nicht für ausreichend zur Erklärung aller physiologischen Erscheinungen. Er stand der aristotelisch-alchemistischen Tradition näher, die den

Physikern als überholt galt. Dennoch wirkte diese Tradition in chemischen und physiologischen Ansätzen nach und ermöglichte gegen Ende des achtzehnten Jahrhunderts wirkliche Erfolge beim Verständnis der Lebensgrundlagen. Der Chemiker Georg Ernst Stahl (1659–1734) hat als einer der Ersten die Bedeutung der Verbrennung für die Physiologie vermutet. Lebewesen beschrieb auch er mit dem Bild der Maschine, doch sein Bild vom Körper als «hydro-pneumatische Feuermaschine» unterschied sich deutlich von den Pendel- und Federuhren, die die Physiker als Modell für das Lebendige ansahen.

Wie man sich erinnern wird, war das Jahr 1789 in Frankreich für den Lauf der Geschichte nicht unwichtig. Im selben Jahr erschien ein Buch, das für die Wissenschaft ebenfalls revolutionäre Bedeutung hatte: Antoine Laurent Lavoisier (1743–1794) veröffentlichte seinen «Traité Élémentaire de Chimie». Zwischen beiden Ereignissen gibt es eine Verbindung, weil Lavoisier als Generalsteuerpächter von einem Revolutionstribunal zum Tode verurteilt wurde. Das hatte jedoch nichts mit seiner Forschung zu tun, Lavoisier ist kein «Märtyrer der Wissenschaft».

Der Kern von Lavoisiers Arbeiten war eine neue Theorie der Verbrennung: Wenn ein Stoff verbrennt, dann reagiert er mit dem Sauerstoff der Luft, und die Verbrennungsprodukte sind sauerstoffhaltige Substanzen, so genannte Oxide. Wenn also Kohle oder kohlenstoffhaltige Materialien verbrennen, so entsteht Kohlenstoffdioxid (kurz Kohlendioxid). Lavoisier hatte ferner beobachtet, dass bei Verbrennung von Stoffen aus Lebewesen Kohlendioxid entsteht – die zentrale Rolle des chemischen Elementes Kohlenstoff beim Aufbau der Organismen war damit erkannt.

Darüber hinaus lieferte die neue Chemie Lavoisiers den Rahmen, um die Arbeiten anderer Forscher über den Gasaustausch bei Lebewesen zu interpretieren: Der Engländer Joseph Priestley (1733–1804) und der Niederländer Jan Ingen-Housz (1730–1799) hatten zwischen 1770 und 1780 festgestellt, dass Tiere Sauerstoff aufnehmen und Kohlendioxid abgeben, während Pflanzen umgekehrt Kohlendioxid aufnehmen und Sauerstoff abgeben. Wie vor ihm Stahl vermutete auch Lavoisier, dass in Tieren eine Verbrennung stattfindet. Die von Priestley und Ingen-Housz demonstrierte Tatsache, dass Tiere Kohlendioxid ausatmen, ließ sich somit zwanglos erklären. ↗ **Atmung: Kapitel 5; Photosynthese: Kapitel 6**

Ingen-Housz war der sorgfältigere Experimentator; er zeigte, dass nur die *grünen Blätter* der Pflanzen Sauerstoff entwickeln – und nur im *Licht*. In der Dunkelheit nimmt eine Pflanze wie die Tiere Sauerstoff auf. Priestley fing daraufhin eine kleinkarierte Zankerei an (nicht die erste und auch nicht die letzte in der Geschichte der Wissenschaft) und behauptete ohne jede Grundlage, er habe auch diese Ergebnisse schon vor Ingen-Housz veröffentlicht. Generell war Priestley wohl etwas schwierig; er weigerte sich auch, Lavoisiers neue Chemie zu akzeptieren. Die Nachwelt sollte ihn dennoch gnädig beurteilen: «Seine Forschungen über die Löslichkeit von Gasen in Wasser führten ihn zu einer Erfindung, für die ihm die Menschheit ewigen Dank schuldet: Er war der Erste, der auf die Idee kam, Kohlensäure auf Erfrischungsgetränke zu pressen», so der Chemiehistoriker Otto Krätz.

Im neunzehnten Jahrhundert entwickelten sich Chemie und Physiologie rasch, und Zellbiologie und Biochemie entstanden als neue Disziplinen. In der Chemie kam es zu einer Aufspaltung in «Anorganische» und «Organische» Chemie. Die Stoffe aus Lebewesen erwiesen sich als besonders kompliziert, ihre Struktur war schwieriger aufzuklären als die anorganischer Substanzen. Deshalb glaubten viele Wissenschaftler auch, für die Bildung dieser komplizierten organischen Stoffe seien Vitalkräfte nötig, die nur in Lebewesen wirkten. Im Jahr 1828 gelang Friedrich Wöhler (1800–1892) allerdings im Labor die Synthese des Harnstoffs, also eines tierischen Stoffwechselproduktes, aus anorganischen Ausgangsstoffen. Oft wird behauptet, dieses Experiment sei der

Todesstoß für den Vitalismus gewesen. So einfach ist es nicht – Wöhler hatte zunächst nur die künstliche Synthese *eines* organischen Stoffes gezeigt. Dennoch war ein Dammbruch erfolgt, und seit der Mitte des neunzehnten Jahrhunderts stieg die Zahl der Synthesen organischer Stoffe rapide an. Dabei erfolgte auch ein Bedeutungswandel des Begriffs: Organische Chemie war nun generell die Chemie der Kohlenstoffverbindungen. Daneben entwickelte sich aber mit der Physiologischen Chemie (und später der Biochemie) eine stärker dynamische Betrachtungsweise, die nach den Umwandlungen der Stoffe in Lebewesen fragt.

Ein Pionier auf diesem Gebiet war Justus von Liebig (1803–1873); er beschäftigte sich mit praktischen Fragen der Ernährung und der Lebensmittelchemie, doch ebenso mit dem grundlegenden Problem der «tierischen Wärme». Dabei machte sich Liebig für die Deutung stark, die auch Lavoisier vorgeschlagen hatte: Bei der Atmung verbrennt der Körper Nährstoffe und erzeugt so Wärme. Eigenartigerweise konnte sein Freund und Kollege, der Schwede Jöns Jakob Berzelius (1779–1848), sich um keinen Preis mit dieser Theorie anfreunden; er griff Liebig heftig an und kündigte ihm schließlich die Freundschaft auf. Aus heutiger Sicht war Liebigs Theorie richtig, doch es waren vor allem die persönlichen Angriffe, durch die sich Berzelius ins Unrecht setzte.

Die Physiologie, die Lehre von den Funktionen des Körpers, galt übrigens im neunzehnten Jahrhundert als medizinische Teildisziplin; erst Anfang des zwanzigsten Jahrhunderts wurde sie auch in den biologischen Fächerkanon aufgenommen und im Biologiestudium unterrichtet. Auch der Franzose Claude Bernard (1813–1878), einer der größten Physiologen des neunzehnten Jahrhunderts, betrachtete seine Arbeit als «experimentelle Medizin». Er prägte die Formel vom «milieu intérieur», dem speziellen inneren Milieu der Lebewesen. Dieses ist, so Bernard, durch seine komplizierten Bedingungen gekennzeichnet: Die

Gesetze von Physik und Chemie sind hier genauso gültig wie im Reagenzglas, doch um diese Gesetze auch anwenden zu können, muss man ebendiese Randbedingungen komplett berücksichtigen.

Das Konzept des inneren Milieus bezieht sich auf den gesamten Organismus, vor allem jedoch auf die Verhältnisse in den Zellen. Die Zellbiologie blühte von 1830 bis 1850 rasch auf, nachdem zuvor lange Zeit wenig geschehen war. Das Mikroskop war bereits um die Wende vom sechzehnten zum siebzehnten Jahrhundert erfunden worden, 1658 hatte Jan Swammerdam (1638–1680) rote Blutzellen beobachtet und 1663 Robert Hooke (1635–1703) die Zellen im Korkgewebe. Besonders produktiv war ein wissenschaftlicher Außenseiter und Autodidakt, der Pförtner des Rathauses von Delft, Antonius van Leeuwenhoek (1632–1723). Er entdeckte mit seinen Mikroskopen aus exzellenten, selbst geschliffenen Linsen eine Vielzahl von Zellen, darunter Spermien und Bakterien. Es dürfte stimmen, was der Journalist Paul de Kruif über ihn geschrieben hat: «Die gebildete Welt sprach Latein, wovon Leeuwenhoek kein Wort verstand: eine Bibel im trauten Holländisch war seine ganze Bibliothek. Und, wie merkwürdig! Gerade diese Unwissenheit war sein Glück; denn, ausgeschlossen von dem gelehrten Unsinn seiner Zeit, war er darauf angewiesen, sich auf seine eigenen Augen, auf seine eigenen Einfälle, sein eigenes Urteil zu verlassen.»

Eine einheitliche Deutung für eine Fülle einzelner Beobachtungen entstand allerdings erst, als Matthias Schleiden (1804–1881) im Jahr 1838 postulierte, dass alle pflanzlichen Gewebe aus Zellen bestehen, und ein Jahr später sein Kollege Theodor Schwann (1810–1882) dasselbe für die tierischen Gewebe feststellte. Der Mediziner Rudolf Virchow (1821–1902) rundete diese Arbeiten in den fünfziger Jahren durch eine wesentliche Einsicht ab: Zellen entstehen ausschließlich durch Zellteilung, also aus vorhandenen Zellen. Das war vorher nicht allgemein akzeptiert; Schwann und Schleiden etwa glaubten, dass Zellen sich direkt aus ihren Bestandteilen durch Zusammenlagerung bilden können – ungefähr so, wie ein Kristall aus einer Lösung durch Auskristallisieren entsteht. ↗ **Bau der Zellen: Abschnitt 3.1**

Im letzten Drittel des neunzehnten Jahrhunderts entwickelte sich zudem die Physikalische Chemie. Die Verbindung von physikalischen und chemischen Ansätzen war für die Chemie selber sehr fruchtbar, doch von Anfang an wurden auch biologische Probleme untersucht. In der Chemie wie in der Biologie stellte sich die Frage nach der Geschwindigkeit von Reaktionen, und die so genannte Reaktionskinetik wurde eine wichtige Teildisziplin der Physikalischen Chemie. Schon seit Anfang des Jahrhunderts wusste man auch, dass bestimmte Stoffe die Reaktionen anderer Substanzen beschleunigen; Berzelius hatte 1836 dafür den nebulösen Ausdruck «katalytische Kraft»geprägt. Wilhelm Ostwald (1853–1932) stellte später die noch heute gültige Definition für derartige Stoffe auf, die er Katalysatoren nannte: Ein Katalysator beschleunigt eine Reaktion, ohne dabei selber verändert zu werden – er wird also im Verlauf der Reaktion nicht verbraucht. Lebende Zellen vollbringen eine Vielzahl von Aufgaben mit katalytischen Eiweißen, den Enzymen. Die Auffassung der Enzyme als biologische Katalysatoren steht am Beginn der Biochemie, die sich Ende des neunzehnten, Anfang des zwanzigsten Jahrhunderts etablierte. Der Deutsche Leonor Michaelis (1875–1949) und die Kanadierin Maud Menten (1879–1960) veröffentlichten 1913 die erste mathematische Analyse der Enzymkinetik, die – zum Leidwesen vieler Studenten – bis heute aktuell ist: kein Grundstudium der Chemie, Biochemie, Biologie oder Medizin ohne die «Michaelis-Menten-Kinetik»! ↗ **Reaktionskinetik und Enzyme: Abschnitt 2.4**

Seit der Mitte des zwanzigsten Jahrhunderts ist noch die Strukturaufklärung der Eiweiße, die mit ihren Tausenden von Atomen nicht gerade simple Gebilde sind, hinzugekommen. Ein besonders wichtiges Verfahren ist dabei die Röntgenstrukturanalyse: Man bestrahlt einen Eiweißkristall mit Röntgenstrahlen, die von den einzelnen Atomen im Kristall abgelenkt werden und dabei ein kompliziertes Muster auf einem Röntgenfilm erzeugen. Aus diesem Muster kann man die Struktur errechnen – heutzutage zur Freude der Kristallographen mit Hilfe von Computern. Als erstes Eiweiß wurde 1957 von dem Engländer John Kendrew (1917–1997) und seinen Mitarbeitern der rote Muskelfarbstoff Myoglobin aufgeklärt. ↗ **Eiweißstruktur: Abschnitt 3.3**

Noch einmal zurück zur Physikalischen Chemie: Neben der Reaktionskinetik, die nach den Geschwindigkeiten fragt, steht die Thermodynamik. Sie beschäftigt sich mit den Energieänderungen bei Prozessen. Die Thermodynamik entwickelte sich im Verlauf des neunzehnten Jahrhunderts. Ein wichtiger Anreiz war die Beschreibung der Vorgänge in Maschinen, insbesondere die Umwandlung von Wärme in Arbeit in der Dampfmaschine. Der «Erste Hauptsatz der Thermodynamik» ist ein grundlegendes Naturgesetz; er beschreibt die *Erhaltung* der Energie – Energie kann nicht aus dem Nichts erschaffen und auch nicht vernichtet werden. ↗ **Thermodynamik: Abschnitt 2.2**

Formuliert wurde der Erste Hauptsatz in den Jahren nach 1840 von drei Männern, die alle keine Physiker waren: Julius Robert Mayer (1814–1878) war Arzt (allerdings schon von Kindesbeinen an mit einem Interesse an Maschinen); Herrmann Helmholtz (1821–1894) hätte zwar gerne Physik studiert, musste sich aus Geldmangel aber mit der Ausbildung zum Militärarzt begnügen (in späteren Jahren wurde er dennoch auf einen Lehrstuhl für Physik berufen); James Prescott Joule (1818–1889) schließlich betrieb die Wissenschaft als reine Liebhaberei (er lebte von den Erträgen einer Brauerei). Bei Mayer und Helmholtz findet sich schon die Verbindung von physikalisch-technischen und biologischen Überlegungen in der Thermodynamik.

Gegen Ende des neunzehnten Jahrhunderts war es insbesondere der Physikochemiker Ostwald, der die thermodynamischen

Aspekte der Biologie durchdacht hat. Bei der Umwandlung von Energie in Arbeit geht stets ein gewisser Teil als Wärme verloren; dieser Energieverlust durch Wärmebildung wird auch als Bildung von Entropie bezeichnet. Von der brutto eingesetzten Energie muss man also zunächst die Entropie abziehen; das, was dann netto übrig bleibt, kann die Prozesse in den Zellen tatsächlich antreiben. Diesen nutzbaren Nettobetrag der Energie bezeichnet man als «freie Energie». Ostwald betonte die Bedeutung der freien Energie als Triebkraft aller biologischen Vorgänge. Die Hauptquelle für freie Energie in der Biosphäre ist dabei das Sonnenlicht: Es wird von den Pflanzen bei der Photosynthese eingefangen; die energiereiche Biomasse, die dabei erzeugt wird, wird dann auch von anderen Lebewesen genutzt.

Die Schriften Ostwalds zur biologischen Thermodynamik sind allerdings in Vergessenheit geraten, vermutlich auch deshalb, weil sie vom Ruhm eines 1944 erschienenen Buches des Physikers Erwin Schrödinger (1887–1961) überstrahlt wurden. Sein «What is Life?» gilt vielen als ein Meilenstein der Biophysik. Schrödinger beschäftigte sich mit der Anwendbarkeit physikalischer Gesetze auf Lebewesen; konkret geht es zum einen um die Thermodynamik der Lebensvorgänge, zum anderen um die molekulare Basis der Vererbung, die zu dieser Zeit noch nicht aufgeklärt war. Der Einfluss des Buches auf andere Wissenschaftler und die Originalität seiner Ideen sind allerdings umstritten. In der Genetik stützt sich Schrödinger weitgehend auf eine Arbeit von Delbrück und Timofejew-Ressowski aus dem Jahr 1935; darauf kommen wir später zurück. In der Thermodynamik andererseits geht Schrödinger eigentlich nicht über Ostwalds Betrachtungen hinaus. Schlimmer noch: Er hat eine Formulierung in die Welt gesetzt, die enorm dazu beigetragen hat, die Besonderheiten der belebten Systeme zu vernebeln, statt sie zu erhellen. Laut Schrödinger «ernähren» sich Lebewesen nämlich von «negativer Entropie» – das klingt herrlich geheimnisvoll und hat selbst gestandene Wissenschaftler auf die falsche Fährte geführt. Was Schrödinger eigentlich meinte, ist *freie Energie*: Er fürchtete aber, seinem Publikum den Unterschied zwischen «Energie» und «freier Energie» nicht verdeutlichen zu können, und erfand daher unseligerweise für Letztere eine Umschreibung.

Neue Gesichtspunkte zur Thermodynamik der Lebewesen ergaben sich ungefähr ab 1960 durch die Arbeiten des russisch-belgischen Chemikers Ilya Prigogine. Er untersuchte die Rolle von Energiezufuhr und Entropieproduktion in Systemen, die weit vom thermodynamischen Gleichgewicht entfernt sind. Bereits in simplen physikalischen Systemen können dabei komplizierte Strukturen entstehen. Der Bau der belebten Materie ist zwar wesentlich verwickelter als alle unbelebten Systeme, aber das neue Prinzip – Strukturbildung durch Energiezufuhr – erweist sich als ein weiteres Band zwischen belebter und unbelebter Materie. Damit ist auch eine Neubewertung der Entropieproduktion verbunden. In der älteren Sicht Ostwalds oder Schrödingers galt sie als ein Energieverlust, der sich bei den Lebensvorgängen nun einmal nicht vermeiden lässt. In Wirklichkeit verpulvern die Lebewesen munter ihre Energie, und es geht ihnen gut dabei: Die neue Sichtweise Prigogines bewertet die Entropieproduktion positiver; sie erweist sich als ein schöpferischer Vorgang, der komplizierte Strukturen hervorbringt. ↗ **Selbstorganisation: Abschnitt 10.1; Energieverschwendung in der Biologie: Abschnitt 10.2**

Wie erwähnt war am Beginn des neunzehnten Jahrhunderts die Vorstellung von den besonderen Vitalkräften der Lebewesen verbreitet. Im Verlauf des Jahrhunderts geriet der Vitalismus jedoch in die Defensive. Die heutige Sichtweise betont demgegenüber die Kontinuitäten von unbelebter und belebter Materie und betrachtet den unterschiedlichen Komplexitätsgrad als Hauptunterschied zwischen beiden. Die Kluft zwischen unbelebt und belebt ist nicht mehr unüberwindlich, und es wird angenommen, dass sich das Leben vor mehreren Milliarden Jahren auf unserem Planeten spontan aus leblosen Stoffen entwickelt hat. Das ist letztlich eine Konsequenz aus der Evolutionstheorie von Charles Darwin (1809–1882), dessen Hauptwerk «Über den Ursprung der Arten» 1859 erschien. Wenn alle Lebewesen einen gemeinsamen Stammbaum haben, dann laufen in der fernen Vergangenheit zwangsläufig alle Äste an einem Stamm zusammen – doch wo kommt die gemeinsame Wurzel her? ↗ **Stammbaum des Lebens: Abschnitt 3.1** Dieses Problem der Entstehung des Lebens bereitete schon Darwin Kopfzerbrechen, und es galt lange Zeit als unlösbares Rätsel. Seit den Versuchen Rudolf Virchows mit sorgfältig sterilisierten Nährlösungen im Jahr 1862 war es zum Dogma geworden, dass eine solche spontane «Urzeugung» von Leben unmöglich sei.

Bewegung kam in die Angelegenheit erst in den Jahren nach 1920 durch Veröffentlichungen des Engländers John B. S. Haldane (1892–1964) und des Russen Alexander Oparin (1894–1980). Oparin erweiterte seine Ansätze 1936 zu einem Buch, das auf viele Wissenschaftler wie eine Offenbarung wirkte. Erstmals schien die experimentelle Erforschung dieses Problems möglich, nachdem es zuvor nur Spekulationen gegeben hatte. Er wies darauf hin, dass es nicht nur auf die bloße Anwesenheit geeigneter Stoffe zur Bildung der ersten Zellen ankommt: Entscheidend ist auch ihre räumliche Ordnung, also die Bildung von komplexen Aggregaten (es sei hier an La Mettrie erinnert, der als Erster die besondere Organisation der belebten Materie hervorhob). Oparin hatte übrigens keine Berührungsängste gegenüber praktischen Aspekten der Wissenschaft. Er beschäftigte sich zum Beispiel auch mit der Teeproduktion in Georgien. Man sollte meinen, ein solcher Einsatz für die «Entfaltung der Produktivkräfte» wäre für alle Sowjetmenschen oberstes Gebot gewesen, aber nein: Hinter seinem Rücken wurde Oparin von vielen Kollegen herablassend belächelt – man konnte nicht verstehen, wie ein so begabter Mann sein Talent für so «unwichtige Dinge» verschwenden konnte.

Im Jahr 1953 unternahm dann der amerikanische Student Stanley Miller ein Experiment, das sein Doktorvater Harold Urey anfangs recht skeptisch betrachtete und das dennoch einer der berühmtesten Versuche des zwanzigsten Jahrhunderts wurde. Er setzte ein Gemisch aus Wasser und verschiedenen Gasen – als Modell für die Uratmosphäre der Erde – elektrischen Entladungen aus, wie sie bei einem Gewitter auftreten. In der Brühe, die sich im Reaktionskolben sammelte, ließen sich etliche organische Verbindungen nachweisen, auch Aminosäuren, die als Eiweißbausteine für das Leben grundlegende Bedeutung haben. Der Miller-Versuch erinnert in seiner epochalen Wirkung an die Harnstoffsynthese Wöhlers mehr als ein Jahrhundert zuvor. Wöhler hatte gezeigt, dass organische Stoffe auch außerhalb von Lebewesen erzeugt werden können – und nun zeigte Miller, dass Grundbausteine des Lebens im blinden Wüten der Elemente spontan entstehen können. Seitdem ist zwar noch niemandem die Erzeugung von Leben im Labor geglückt, die Liste der erfolgreichen Synthesen von Biomolekülen unter simulierten Bedingungen der frühen Erde wird jedoch täglich länger. Man sollte auch nicht vergessen, dass die Natur für ihre Experimente einen kompletten Planeten als Labor zur Verfügung hatte – und Hunderte Millionen von Jahren (versuchen Sie mal heutzutage, für so ein Projekt Forschungsgelder zu beantragen ...). Heute gibt es verschiedene Theorien zum Ursprung der Biomoleküle, aber die Idee eines spontanen Überganges von unbelebten zu belebten Systemen ist in der Wissenschaft allgemein akzeptiert.

Während die Kontroverse um den Vitalismus bereits in der ersten Hälfte des zwanzigsten Jahrhunderts als erledigt gelten konnte, ist seitdem die Debatte um «reduktionistische» versus «ganzheitliche» Ansätze von Bedeutung gewesen. Dabei geht es in einer Variante um die Frage, ob sich die Fülle biologischer Phänomene auf einfache Gesetzmäßigkeiten aus Physik und Chemie «reduzieren» lässt. Neben diesem *physikalischen* Reduktionismus wurde in der zweiten Hälfte des zwanzigsten Jahrhunderts der *genetische* Reduktionismus ungeheuer populär. Demzufolge zählen eigentlich nur die Gene, und der übrige Organismus dient lediglich ihrer erfolgreichen Verbreitung: Lebewesen sind angeblich *nichts als* Überlebensmaschinen für die Gene.

Die Vererbung hatte zu jenen Geheimnissen des Lebens gehört, die sich im neunzehnten Jahrhundert einer Aufklärung mit physikalisch-chemischen Mitteln hartnäckig widersetzten. Der österreichische Mönch Gregor Mendel (1822–1884) fand 1865 zwar mathematische Regeln für die Weitergabe von Erbmerkmalen bei Erbsen. Doch diese Arbeit blieb unbeachtet, und obendrein war damit über die stoffliche Grundlage der Vererbung noch nichts ausgesagt. Wenig später isolierte Friedrich Miescher (1844–1895) aus Eiterzellen erstmals DNA (die Abkürzung steht für den unhandlichen Namen Desoxyribonucleinsäure; A für englisch *acid*), deren genaue Zusammensetzung allerdings noch unklar war – und erst recht ihre Funktion als materieller Träger der Gene. Um 1900 wurden dann Mendels Vererbungsregeln wiederentdeckt, und man vermutete, dass die Gene linear auf den Chromosomen angeordnet sind. Chromosomen bestehen allerdings aus DNA *und* Eiweißen, und als der eigentliche Träger der Erbinformation wurde der Eiweißanteil betrachtet. Es war auch nicht klar, ob jede Erbanlage wirklich einen eigenen Ort hat, also eine spezifische molekulare Struktur – die Alternative eines diffus verteilten «Zellgedächtnisses» schien ebenfalls plausibel.

Die Lokalisierung der Gene wurde von dem Physiker Max Delbrück (1906–1981) und dem Genetiker Nikolai Timofejew-Ressowski (1900–1981) in Deutschland im Jahr 1935 nachgewiesen: Sie zeigten, dass Gene tatsächlich eng umgrenzte «Ziele» innerhalb der Zelle sind, die von einzelnen Röntgenstrahlen getroffen werden können. Delbrück verabscheute die Nazis, er weigerte sich zum Beispiel, öffentlich der Relativitätstheorie des «Juden Einstein» abzuschwören. Diese Unbotmäßigkeit stand einer

Hochschulkarriere in Deutschland im Wege, und er nutzte daher die Gelegenheit, als ihm 1937 eine Stelle in den USA angeboten wurde. Bizarrerweise schaffte es hingegen der Russe Timofejew-Ressowski, im nationalsozialistischen Deutschland auszuharren und weitgehend unbeeinträchtigt weiterzuforschen.

Im Jahr 1944 erbrachten Experimente mit dem Erbgut von Bakterien schließlich den Beweis für die genetische Funktion der DNA. Neun Jahre später wurde ihre Struktur aufgeklärt – man spricht seitdem von der Entdeckung der DNA-Doppelhelix durch James Watson und Francis Crick, die dafür den Nobelpreis erhielten. Dabei wird allerdings oft vergessen, dass auch Maurice Wilkins an diesem Nobelpreis beteiligt war – und ein wesentlicher Beitrag stammt von Rosalind Franklin, die nur deshalb leer ausging, weil sie zu früh starb und es keine posthume Verleihung des Preises gibt. Die verwendete Methode war die Röntgenstrukturanalyse, der wir weiter oben schon bei der Aufklärung der Eiweißstrukturen begegnet sind. In den Erinnerungen von Erwin Chargaff, einem Konkurrenten von Watson und Crick, werden die beiden als ausgemachte Trottel dargestellt: ein Wunder, dass sie sich nicht durch ihre Tollpatschigkeit im Labor umgebracht haben. Ihr schlimmster Fehler dürfte allerdings gewesen sein, dass sie ihm den Nobelpreis für die DNA-Struktur vor der Nase weggeschnappt haben, den Chargaff schon in der Tasche zu haben glaubte.

Die Aufklärung der DNA-Struktur wurde zu Recht als eine der größten biologischen Entdeckungen gefeiert. In den folgenden Jahren konnte, auf dem Strukturmodell aufbauend, gezeigt werden, wie sich die DNA verdoppelt (was für die Zellteilung und damit für die Vererbung wesentlich ist) und wie die darin enthaltene Information «abgelesen», also zur Bildung von Eiweißen verwendet wird. Dennoch demonstriert die weitere Entwicklung der Genetik einmal mehr, wie eine erfolgreiche wissenschaftliche Disziplin schnell zur Ideologie mutieren kann. Das zeigt schon der Name «Molekularbiologie», der ab den sechziger Jahren des zwanzigsten Jahrhunderts in Mode kam. Der Sache nach handelt es sich um *molekulare Genetik* – doch der umfassendere Begriff der *molekularen Biologie* drückt den Anspruch aus, die molekularen Strukturen der Vererbung bildeten die einzig wahre Grundlage der gesamten Biologie. In dieser Sicht sind Lebewesen ein Bündel von Genen mit etwas zusätzlichem Drumherum, welches den Genen das Leben komfortabler machen soll. Mit missionarischem Eifer wird dieser genetische Reduktionismus insbesondere von dem britischen Autor Richard Dawkins vertreten.

Doch so wichtig auch die Gene als Träger der Vererbung sind, sie sind nicht die alleinige Grundlage aller biologischen Vorgänge. Innerhalb der Zelle agieren die Gene nicht von allein, sie sind auf den Zellkontext und auf spezialisierte Eiweiße angewiesen: Die DNA-Doppelhelix wird gerne als «sich selbst verdoppelnde Struktur» beschrieben – aber das ist eben falsch, denn für diese Verdoppelung sind Enzyme unerlässlich. Auch individuelles Leben beginnt nicht mit nackter DNA, sondern mit einer *Zelle*, also einer komplexen Maschinerie aus DNA, Eiweißen und anderen Komponenten. Ebenso stand am Anfang des Lebens auf der Erde kein nacktes Gen – wo sollte das herkommen? Die erste genetische Maschinerie an der Schwelle zum Leben war darauf angewiesen, dass um sie herum bereits primitiver Stoffwechsel funktionierte, der die Baumaterialien und die Energie lieferte.

Inzwischen vertreten die meisten Biologen, Physiker und Philosophen eine gemäßigte Position. Danach ist es nötig und sinnvoll, die Methoden der Physik und Chemie in reduktionistischer Weise auf das Studium der Lebewesen anzuwenden – doch damit wird nicht behauptet, das Wesen des Lebens ließe sich allein mit diesen Mitteln erschöpfend beschreiben. Der russische Physiker Mikhail Volkenstein beispielsweise nannte die Vorstellung einer Reduktion der Biologie auf Physik «absolut sinnlos», doch er betont andererseits die Notwendigkeit von Physik und Chemie bei der Erforschung der Lebewesen. Oder, um noch einmal Wilhelm Ostwald zu Wort kommen zu lassen: «Genügen die Gesetze der Chemie und Physik, um alle biologischen Erscheinungen zu erklären? Die Antwort muss in einem Sinne ja, im anderen nein lauten. Ja insofern, als alle biologischen Erscheinungen innerhalb des Rahmens der Möglichkeiten liegen, welcher durch jene Wissenschaften gegeben ist. Nein insofern, als innerhalb dieses Rahmens durch die biologischen Tatsachen sicher eine größere Mannigfaltigkeit gegeben ist, als durch Chemie und Physik erschöpfend darstellbar sein könnte.» Im Geist dieser Worte aus dem Jahr 1903 wollen wir nun die Maschinerie des Lebens unter die Lupe nehmen.

FAZIT: **Die Stoffe der Lebewesen gehorchen den gleichen physikalisch-chemischen Gesetzen wie die unbelebte Materie. Allerdings hat die belebte Materie einen besonders komplizierten Aufbau, und dadurch – nicht aber durch spezielle Lebenskräfte – unterscheidet sie sich von Stoffen aus der unbelebten Natur. Aufgrund der einheitlichen Natur der Materie können die Methoden der Physik und Chemie mit Erfolg auf viele biologische Probleme angewandt werden. Mit dieser Feststellung ist jedoch nicht die weiter gehende Behauptung verbunden, alle Aussagen in der Biologie seien letztlich auf Physik und Chemie reduzierbar.**

2 Die Spielregeln

Sally: «It's the Second Law of Thermodynamics: sooner or later everything turns to shit. That's my phrasing, not the Encyclopedia Britannica.» Woody Allen, *Husbands And Wives*

2.1 Das soll schon alles sein? Drei grundlegende molekulare Prozesse

Stellen wir uns vor, Sie hätten Kopfschmerzen. Dann wäre es naheliegend, eine Schmerztablette einzunehmen. Meine Frau erinnert sich allerdings noch heute an eine Grundschullehrerin, die sich geweigert hat, dies zu tun. Sie glaubte nicht an den Wert dieser Maßnahme: Woher, so die Pädagogin, soll die Tablette wissen, wo es mir wehtut? Eine interessante Frage. Sehen wir uns also einen Tag im Leben einer Kopfschmerztablette an.

Der Wirkstoff gelangt zuerst in den Magen-Darm-Trakt. Von hier wandern die Moleküle durch die Magen- oder Darmwand in die Blutbahn. Mit dem Blutstrom verteilt sich der Wirkstoff überall im Körper, und so gelangen etliche Moleküle auch in das Gehirn. Seine Wirkung entfaltet das Medikament, indem die Moleküle an spezielle Anlegestellen binden, so genannte Rezeptoren. Die Bindung an die Rezeptoren ist allerdings locker und besteht nur so lange, wie auch im Blut viele Wirkstoffmoleküle vorkommen, die sich an den Rezeptoren drängeln.

Die Moleküle bleiben aber nur eine begrenzte Zeit im Blut. Unser Schmerzmittel wird, wie viele Medikamente, von den Nieren ausgefiltert und mit dem Harn ausgeschieden. Das funktioniert übrigens nur bei gut wasserlöslichen Stoffen. Bei vielen Arzneimitteln ist deshalb noch ein Schritt vorgeschaltet: In der Leber werden schlecht wasserlösliche Stoffe so umgewandelt, dass sie für den Filtervorgang in der Niere besser geeignet sind. Durch Umwandlung in der Leber und anschließende Ausscheidung über die Nieren verschwindet allmählich der Wirkstoff aus dem Blut. Dadurch werden auch wieder die Rezeptoren frei – die Wirkung der Tablette ist vorüber. Für uns beginnt allerdings der eigentlich spannende Teil erst jetzt: In einem zweiten Durchgang wollen wir noch einmal systematischer die einzelnen Stationen ansehen.

Zuerst muss der Wirkstoff vom Magen-Darm-Trakt ins Blut, es handelt sich um einen *Transportvorgang*, bei dem Moleküle von einem Ort zum andern gelangen. Mit dem Blutstrom wandern die Moleküle in den ganzen Körper – auch ein Transportvorgang, allerdings ein völlig anderer. Der Übergang vom Verdauungssystem in die Blutbahn ist nämlich ein *zufälliger Vorgang*: Anfänglich gibt es viele Moleküle im Magen oder Darm, aber wenige oder keine im Blut. Deshalb gelangen die Moleküle durch blindes

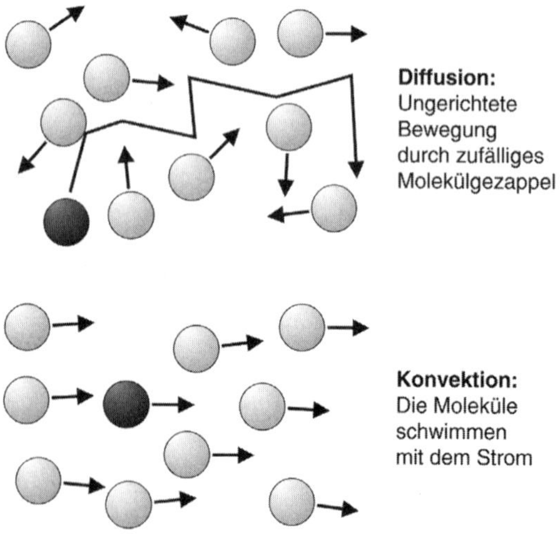

Abbildung 2.1: Zwei Arten von Transportvorgängen

Herumgezappel rein zufällig in das Blut. Ein solcher Transport heißt *Diffusion*, er entsteht durch ungerichtete und zufällige Molekülbewegungen und benötigt keinen speziellen Antrieb (Abbildung 2.1). Der Blutstrom im Gefäßsystem hingegen ist nicht zufällig, sondern gerichtet, und er benötigt eine Antriebsquelle in Form des schlagenden Herzens: Das Blut bewegt sich nicht durch passive Diffusion, sondern mittels *Konvektion* durch die Adern. Es gibt also zwei verschiedene Arten von Transportvorgängen, die uns auch später noch begegnen werden: zum einen die Diffusion als passiver, zufälliger Vorgang; zum anderen den aktiven Transport wie zum Beispiel Konvektion, der eine spezielle Antriebskraft benötigt. ↗ **Diffusion: Abschnitt 2.3; Stofftransport: Kapitel 4**

Als Nächstes haben wir eine *Wechselwirkung zwischen Molekülen* gesehen: Der Wirkstoff bindet an den Rezeptor. Dafür müssen die Strukturen der beiden Partner zusammenpassen wie Schlüssel und Schloss. Die Rezeptor-Theorie, die Grundlage der modernen Pharmakologie, wurde Ende des neunzehnten Jahrhunderts von dem Deutschen Paul Ehrlich (1854–1915) und dem Engländer John Newport Langley (1852–1925) formuliert. Doch ihre Bedeutung reicht weiter, sie betrifft praktisch alle Vorgänge in Zellen, nicht nur die Wirkung von Medikamenten. Erinnern wir uns an Kapitel 1, wo der Begriff *Enzym* erklärt wurde: Enzyme sind die Werkzeuge der Zelle, mit denen Stoffe ineinander umgewandelt werden. ↗ **Enzyme: Abschnitt 2.4 und 3.3** Wenn ein Enzym nun einen Stoff (sein «Substrat») bearbeiten soll, dann muss auch zwischen diesen Partnern eine Passung nach dem Schlüssel-und-Schloss-Prinzip bestehen.

Die Metapher «Schlüssel und Schloss» für Enzym und Substrat wurde von dem Biochemiker Emil Fischer eingeführt, zeitgleich zu den Arbeiten von Ehrlich und Langley. In beiden Fällen – Wirkstoff und Rezeptor, Enzym und Substrat – gibt es *Bindungen* zwischen Molekülen. Auch Hormone und Botenstoffe, die Signale innerhalb des Körpers übermitteln, binden an spezielle Rezeptoren. Dadurch wird meist eine komplizierte Folge von Vorgängen in der Zelle ausgelöst, eine «Signalkaskade». ↗ **Biologische Signalkaskaden: Kapitel 8** Die Entstehung der Schmerzempfindung wird durch solche Signalkaskaden vermittelt, und die Tablette aus unserem Beispiel wirkt deshalb, weil der Wirkstoff durch die Bindung an den Rezeptor in die Kaskade eingreift.

Ebenso wird die Aktivität von Genen dadurch geregelt, dass Eiweiße an die DNA binden. Ein weiteres Beispiel ist das Immunsystem, wo Antikörper sich an Eindringlinge anlagern (das können als fremd erkannte einzelne Moleküle oder ganze Zellen sein). Alle diese Bindungen sind relativ schwach, sie können leicht gebildet und leicht gelöst werden. Andererseits sind diese Bindungen hochspezifisch und werden nur von Partnern mit passenden Strukturen eingegangen. Praktisch die gesamte Maschinerie der Zelle hält durch solche Wechselwirkungen zusammen. ↗ **Wechselwirkungen von Molekülen: Abschnitt 3.2**

Schließlich sind wir noch der *Umwandlung von Stoffen* begegnet: In der Leber finden biochemische Reaktionen statt, bei denen die Struktur eines Moleküls sich ändert. Auch in diesem Fall geht es um Bindungen, allerdings um die *Bindungen von Atomen innerhalb der Moleküle*. Bei einer chemischen oder biochemischen Reaktion werden solche Bindungen geknüpft und/oder gespalten. Die betroffenen Stoffe verändern sich dadurch dauerhaft, sie werden in andere Stoffe umgewandelt. Als Faustregel kann man sagen: Die Bindungen zwischen den Atomen innerhalb eines Moleküls sind rund zehn- bis fünfhundertmal stärker als die schwachen Bindungen zwischen Molekülen, wie sie etwa zwischen Enzym und Substrat bestehen.

FAZIT: **Das Geschehen in den Zellen lässt sich in wenige grundlegende Typen von Prozessen einteilen: Erstens sind da die Transportvorgänge, bei denen Moleküle sich im Raum bewegen. Dies kann zufällig erfolgen (Diffusion) oder ge-**

zielt unter Einsatz eines Antriebes. Zweitens lagern sich Moleküle zu größeren Aggregaten zusammen; dabei treten schwache Bindungen zwischen ihnen auf, und die beteiligten Moleküle behalten ihre Identität. Drittens gibt es biochemische Umwandlungen, bei denen sich die Identität von Stoffen dauerhaft ändert; dabei werden die starken Bindungen zwischen den Atomen innerhalb eines Moleküls gespalten oder neu geknüpft.

2.2 Thermodynamik, die Buchhaltung des Universums

Über die Gründe für die Bestrafung des Sisyphos waren sich schon die Alten nicht recht im Klaren: Die einen sagen, er habe seine Strafe erhalten, weil er die Entführung der Aigina durch Zeus ausgeplaudert hat. Andere geben als Grund ganz allgemein seinen «frevelhaften Lebenswandel» an. Beide Begründungen dürften wohl kaum einem Berufungsverfahren standhalten. Ein Musterbeispiel wahrer Gerechtigkeit ist den Göttern im Fall Sisyphos jedenfalls nicht gelungen, aber dafür haben sie es immerhin geschafft, die Quintessenz der *Thermodynamik* in einem anschaulichen Bild zusammenzufassen: Bergauf muss Sisyphos den schweren Felsbrocken unter großen Mühen stemmen, bergab hingegen kullert dieser von ganz allein. Die Richtungen bergauf und bergab sind nicht nur räumlich zu verstehen, sie geben gleichzeitig die *Richtung von Energieänderungen* an. Der Felsbrocken bewegt sich *spontan* bergab, weil in dieser Richtung seine potenzielle Energie abnimmt. Bergauf, wo die potenzielle Energie zunimmt, kann sich der Felsen jedoch nur bewegen, wenn ihm von außen Energie zugeführt wird, sie stammt aus der Muskelarbeit des Sisyphos. ↗ **Muskelarbeit: Abschnitt 9.2**

Die Betrachtung von Energieänderungen erlaubt es also, Aussagen über die *Richtung von Prozessen* zu machen; Prozesse, bei denen die Energie abnimmt, heißen spontan oder freiwillig. Man kann auch sagen, dass anhand von Energieumsätzen zwischen *möglichen* und *unmöglichen* Vorgängen unterschieden werden kann: Zu Sisyphos' Leidwesen wird der Felsen niemals von alleine den Berg hinaufrollen, dies ist ein unmöglicher Vorgang. Generell kann Energie nicht erzeugt oder vernichtet werden, es können lediglich verschiedene Energieformen ineinander umgewandelt werden – das besagt der Erste Hauptsatz der Thermodynamik, auch Energieerhaltungssatz genannt.

Ein Energie verbrauchender Bergaufprozess ist also nur möglich, wenn durch einen gekoppelten Bergabvorgang die benötigte Energie zur Verfügung gestellt wird. Die Energie, die Sisyphos beim Hochwuchten des Felsbrockens aufwendet, stammt dabei letztlich aus der Energie liefernden Verbrennung von Nährstoffen. Ein allgemeines Schema für die Kopplung verschiedener Vorgänge zeigt Abbildung 2.2: Molekül B ist energieärmer als A, bei der Umwandlung von A in B wird also Energie frei. Damit kann D aus C gebildet werden, wobei D energiereicher ist als C.

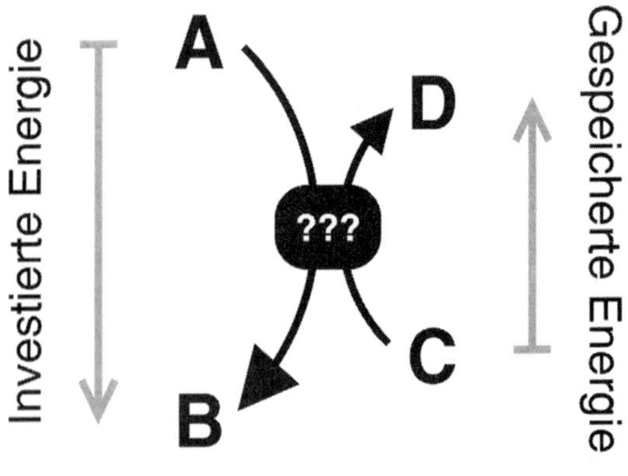

Abbildung 2.2: Die thermodynamische Kopplung von Prozessen

Die beiden Teilprozesse A→B und C→D sind durch eine «black box» gekoppelt, bei der es sich in der Biochemie fast immer um spezielle Eiweiße handelt.

Prinzipiell kämen viele verschiedene Reaktionen für A→B infrage, aber die Natur verwendet nur einige wenige davon. Vor allem ein Stoff namens ATP spielt die Rolle einer universellen Energiewährung in den Zellen: Wenn ATP gespalten wird, so ist das energetisch ein Bergabvorgang, mit dem unzählige verschiedene Bergaufvorgänge in der Zelle angetrieben werden. ATP als Energiewährung spielt deshalb in der Biochemie die Rolle, die der des Geldes in der Wirtschaft entspricht: Geld ist ein universelles Zahlungsmittel, das beim Bäcker ebenso akzeptiert wird wie beim Friseur, und es wäre äußerst unpraktisch, wenn man stattdessen für jedes Geschäft eine eigene Währung mit sich führen müsste. Das Bild der Energiewährung ist so beliebt, dass man es in vielen Biochemiebüchern findet. Allerdings gibt es eine andere Analogie, die eigentlich noch treffender ist: der elektrische Strom. Elektrizität kann einerseits aus vielen unterschiedlichen Energieträgern wie Kohle, Gas oder Öl erzeugt werden, andererseits ist einmal erzeugter Strom universell einsetzbar, unabhängig von seiner speziellen Herkunft. Genau diese Funktion als universeller Energieträger hat auch ATP, wobei in vielen Zellen die unterschiedlichsten Ausgangsstoffe wie Zucker, Fette oder Eiweiße verstromt werden können.

In lebenden Zellen wird ATP laufend verbraucht und neu gebildet; ein Erwachsener setzt auf diese Weise pro Tag ungefähr 40 Kilogramm ATP um. Die Atmung dient dabei der Regeneration des ATP: Energiereiche Brennstoffe aus der Nahrung werden verbrannt, und die frei werdende Energie wird zur Bildung von ATP genutzt. ↗ **ATP-Bildung: Kapitel 5 und Abschnitt 7.1** Kluge Menschen haben auch die energetischen Kosten einer Bakterienzelle ausgerechnet: Für die Erzeugung aller Biomoleküle in der Zelle sind Investitionen von 20 bis 60 Milliarden Molekülen ATP nötig. Bei einer rund tausendfach größeren menschlichen Zelle käme man also auf 20 bis 60 Billionen Moleküle ATP.

Der volle Name von ATP ist Adenosintriphosphat, also ein Adenosin, an dem drei (*tri*) Phosphatgruppen hängen (Abbildung 2.3). Das Adenosin seinerseits besteht aus der Base Adenin und dem Zucker Ribose. Die spannenden Dinge passieren aber an den Phosphatgruppen (P): Die Abspaltung von einem P ergibt das Adenosin-*di*-phosphat = ADP, und das ist energieärmer als ATP. Diese Spaltung von ATP zu ADP ist die eigentliche Energie liefernde Reaktion (und bei der Regeneration von ATP aus ADP wird einfach ein Phosphat wieder angehängt).

Wichtig für die Energieübertragung durch ATP ist also im Prinzip nur der Phosphatteil, während der Adenosinteil eher

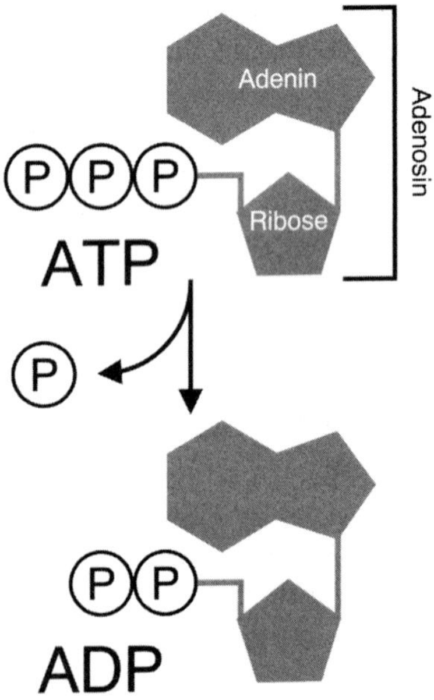

Abbildung 2.3: ATP, ein Molekül, dem wir noch viel häufiger begegnen werden

eine Verzierung ist. Tatsächlich gibt es Mineralien aus aneinandergehängten Phosphatgruppen, die vermutlich die früheste Form der biologischen Energiewährung waren. Doch auch das ATP selber ist ein sehr altes Molekül. Stoffe aus den drei Komponenten Base–Zucker–Phosphat werden als Nukleotide bezeichnet, und Nukleotide mischen überall im Stoffwechsel mit, was zeigt, dass sie eine frühe Erfindung des Lebens sind. Die Moleküle des Erbgutes, DNA und RNA, sind zum Beispiel lange Ketten aus Nukleotiden. Der Informationsgehalt dieser Ketten kommt durch die Abfolge vier verschiedener Basen zustande, darunter wiederum Adenin. Auch die drei Stoffe NADH, $FADH_2$ und NADPH, denen wir bei der Atmung und der Photosynthese noch begegnen werden, gehören zu den Nukleotiden. ↗ **Nukleotide bei Atmung und Photosynthese: Abschnitt 5.1 und 6.1**

Gehen wir noch einmal zu Abbildung 2.2 zurück. Der Erste Hauptsatz besagt, dass Energie nicht einfach verschwinden kann. Die Energiedifferenz zwischen D und C ist allerdings kleiner als die zwischen A und B – offenbar taucht nicht die gesamte Energie, die von A zur Verfügung gestellt wird, im Endprodukt D auf. Der Wirkungsgrad, das Verhältnis *gespeicherte Energie/investierte Energie*, beträgt in diesem Beispiel 67 Prozent. Doch wo bleibt der Rest? Die restliche Energie geht als *Wärme* verloren, diese Umwandlung von nutzbarer Energie in nicht mehr nutzbare Wärme wird als Erzeugung von *Entropie* bezeichnet.

Die Entropie, als Maß für unbrauchbar gewordene Energie, ist gleichsam die hässliche Schwester der Energie. Analog zum Ersten gibt es den Zweiten Hauptsatz der Thermodynamik, der die Zunahme der Entropie beschreibt: Alle anderen Energieformen (etwa chemische, elektrische oder mechanische) können zwar vollständig in Wärme umgewandelt werden, aber umgekehrt ist die vollständige Umwandlung von Wärme in nutzbare Energieformen (Arbeit) nicht möglich. Der Begriff Entropie wurde von Rudolf Clausius (1822–1888) geprägt, der Mitte des neunzehnten Jahrhunderts die Umwandlung von Arbeit und Wärme untersuchte. Der Physiker Thomas des Coudres schrieb dazu vor einhundert Jahren, der Zweite Hauptsatz sei «der sicherste aller Erfahrungssätze, die wir kennen, sicherer als der Tod, denn der ist nur ein Spezialfall des Zweiten Hauptsatzes».

Neben der Abnahme der Energie gibt es also ein zweites Kriterium für die Richtung von Prozessen, die Zunahme der Entropie. Beide werden kombiniert im Konzept der *freien Energie*, die die Änderungen von Energie und Entropie verrechnet. Wenn im Verlauf des Buches von «Energie» als Triebkraft von Prozessen die Rede ist, so ist meist «freie Energie» zu ergänzen.

Beliebt ist die Erklärung der Entropie als Unordnung. Ein Blick ins Kinderzimmer genügt, um die genervten Eltern zu überzeugen, dass die stetige Zunahme von Unordnung ein Naturgesetz ist. Das ist allerdings nur dann korrekt, wenn man sich auf eine mathematische Beschreibung des Verhaltens von Molekülen bezieht. In vielen Fällen kann Entropie nämlich nicht mit räumlicher Unordnung gleichgesetzt werden! Ein Beispiel: Wenn Öl und Wasser sich entmischen, dann nimmt die räumliche Ordnung zu (das Öl sammelt sich an einer Stelle, das Wasser an einer anderen), und *gleichzeitig* nimmt auch die Entropie zu. ↗ **Wasser, Öl und Entropie: Abschnitt 3.2** Für die alltäglichen Anwendungen in Haus und Garten ist es daher zweckmäßiger, sich zu merken: Entropie ist ein Maß für Energieverluste durch Wärmebildung.

Nun sollte man meinen, die Lebewesen «möchten» die Entstehung von Entropie möglichst vermeiden: Energie ist knapp; Pflanzen gewinnen sie mühsam aus Sonnenlicht, und auch alle Tiere sind von dieser einmal eingefangenen Energiemenge direkt oder indirekt abhängig. Dennoch hat die Entropieproduktion auch eine positive, schöpferische Rolle. In Kapitel 1 haben wir schon gesehen, dass die moderne «irreversible» Thermodynamik erkannt hat, wie sich in Systemen mit hohem Energieverbrauch (und damit hoher Entropieproduktion) spontan komplizierte

Muster ausbilden können. Das irdische Leben verdankt seine Entstehung also der Verschwendung von Energie ↗ **Biologische Energieverschwendung: Abschnitt 10.2**

Und es kommt noch ein Gesichtspunkt hinzu: die Zeit. Die klassische Thermodynamik des neunzehnten Jahrhunderts redet zwar andauernd von Prozessen, aber sie betrachtet sie ganz statisch, durch den bloßen Vergleich von Anfangs- und End*zustand*. Erst die Thermodynamik des zwanzigsten Jahrhunderts bezieht den *Faktor Zeit* explizit ein. Ein wichtiges Ergebnis ist dabei, dass ein geringerer Wirkungsgrad (also größerer Energieverlust) bei einem Prozess durchaus erwünscht sein kann, weil dadurch der Prozess *schneller* wird. Der Grenzfall eines Wirkungsgrades von 100 Prozent ist theoretisch nur für einen *unendlich langsamen* Prozess realisierbar – das ist offenkundig in der Praxis keine brauchbare Lösung.

Der Themenkomplex Kopplung, Wirkungsgrade und Geschwindigkeiten von Vorgängen wurde erstmals 1965 von O. Kedem und R. S. Caplan gründlich behandelt. Diese Arbeit der beiden Wissenschaftler vom Weizmann-Institut in Israel ist sozusagen das Gründungsmanifest der Kopplungstheorie. Dabei werden biologische Systeme nur am Rande erwähnt, hauptsächlich geht es um technische Energiewandlung in Batterien, Stromkreisen, Brennstoffzellen und dergleichen. Die dargelegten Prinzipien gelten aber universell: Maximale Effizienz der Energieausnutzung ist nicht alles; es muss ein *Kompromiss zwischen Effizienz und Geschwindigkeit* gefunden werden. Das gilt nicht nur für die Betriebspunkte von technischen Maschinen, sondern die Evolution hat auch die biologische Energiewandlung unter diesem Aspekt optimiert. Im Schema der Abbildung 2.2 bedeutet das, dass zwar nicht alle Energie aus dem Treibstoff A genutzt wird, dass aber dafür die Menge an D, die pro Zeiteinheit gebildet werden kann, höher ist.

Zeit ist Geld – ein abgedroschener Spruch, der dennoch in

der Wirtschaft seine Berechtigung hat. Ähnlich verhält es sich in der biologischen Evolution: Sie spielt sich in der Zeit ab, und *Geschwindigkeit* ist für konkurrierende Organismen oft ein wichtiger Aspekt. Deshalb können sich zum Beispiel oft Bakterien mit energetisch verschwenderischem, aber dafür schnellem Wachstum durchsetzen gegen andere, langsamer und sparsamer wachsende Stämme. ↗ **Konkurrenz und Evolution: Abschnitt 10.1**

Aber nicht nur die Gesetzmäßigkeiten der Kopplung von Prozessen gelten für biologische und technische Maschinen gleichermaßen. James Marden und Lee Allen von der Pennsylvania State University haben die *Kräfte* untersucht, die von verschieden großen Motoren entwickelt werden. Als «Motor» wurden zum einen verschiedene Maschinen aus der Technik betrachtet, zum anderen Tiere bei der Fortbewegung (Abbildung 2.4). Die Massen der verschiedenen Motoren reichen dabei von wenigen Milligramm für die kleinsten Insekten bis hin zu einigen Tonnen für die größten Verbrennungsmotoren und Turbinen. Auch die erzeugten Kräfte variieren um das Milliardenfache. Verblüffend daran ist, dass alle Kurven einen ähnlichen Verlauf haben, bei Lebewesen ebenso wie bei technischen Motoren. Als Fazit ergibt sich, dass alle diese Motortypen eine Kraft von rund 57 Newton pro Kilogramm Motormasse erzeugen können – unabhängig davon, ob technische Werkstoffe wie Stahl und Kupfer zum Einsatz kommen oder die «Eiweiß-und-Wasser-Technologie» der Natur. Die menschliche Technik und die Evolution haben unabhängig voneinander dasselbe Konstruktionslimit ausgeschöpft.

Zum Abschluss wollen wir noch eine beeindruckende molekulare Maschine ansehen, die die stärksten Kräfte entwickelt, die jemals für einzelne Moleküle gemessen wurden (Abbildung 2.5). Es handelt sich um eine Verpackungsmaschine, die das Erbgut eines Virus namens Phi29 in die dazugehörige Hülle abfüllt. Ein Virus programmiert eine infizierte Zelle so um, dass sie massenhaft neue Viruskopien erzeugt. Die einzelnen Komponenten

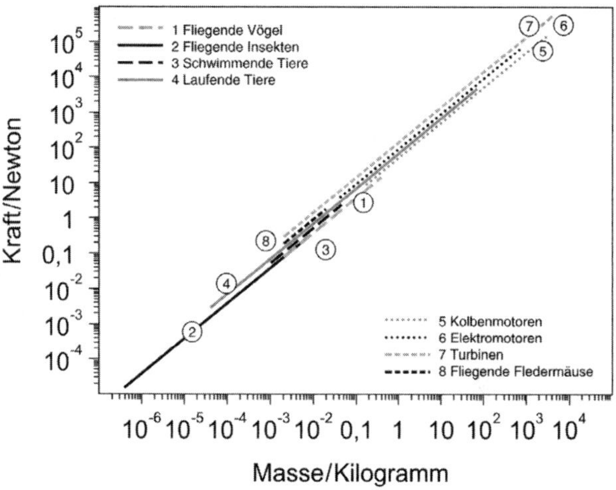

Abbildung 2.4: Motoren im Vergleich

werden separat erzeugt und dann zusammengesetzt. Dabei wird je eine Kopie des vervielfältigten Virus-Erbgutes in eine Capsid genannte Hülle aus Proteinen gepresst. Der DNA-Faden ist in Abbildung 2.5 in Weiß dargestellt. Die eigentliche Maschine (der so genannte Portalmotor) hat einen drehbaren Teil, den dunkelgrau eingefärbten «Rotor», und einen fest stehenden Teil, den «Stator», der hellgrau dargestellt ist und der das Ganze in der Öffnung des Capsids verankert. Das Erbgut ist zwar bei diesem Virus nur sieben Mikrometer (millionstel Meter) lang, aber das Capsid hat auch nur einen Durchmesser von 0,05 Mikrometer, also muss gestaucht und gestopft werden. Dabei wird ATP verbraucht; um das gesamte Viruserbgut Stückchen für Stückchen ins Capsid zu fädeln, sind insgesamt rund 10 000 Moleküle ATP nötig (und da Viren Parasiten sind, muss natürlich die infizierte Zelle diese Energiekosten tragen!). Dieses Einfädeln geschieht dadurch, dass der Rotor sich dreht und dabei die DNA-Spindel Stück für Stück nach innen schraubt. Der Stator hat fünf Bin-

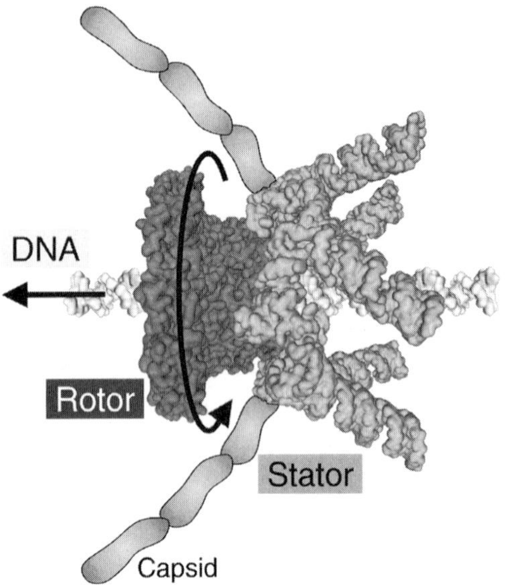

Abbildung 2.5: Einmal volltanken bitte – eine Virushülle wird mit Erbgut gefüllt

destellen für ATP, und für eine volle Umdrehung des Rotors werden fünf ATP-Moleküle verbraucht. Der Wirkungsgrad, mit dem die Energie des ATP ausgenutzt wird, beträgt dabei 30 Prozent. Das ist vergleichbar mit den Wirkungsgraden anderer molekularer Maschinen wie etwa Myosin, dem Eiweiß, das für die Bewegung unserer Muskeln sorgt. Zum Vergleich einige Zahlen aus der Technik: Elektromotoren (64 bis 93 %) und Dieselmotoren (36 %) sind zwar effizienter als die Stopfmaschine aus dem Virus, aber andererseits liegen Benzin-Viertakter (25 %) darunter und erst recht Zweitakter (20 %) oder gar die Dampfmaschine (9 %). Doch besonders beeindruckend an dieser Virusmaschine ist ihre *Kraftentwicklung*, die fünfundzwanzigmal höher ist als die des Myosins. Dadurch kann im Inneren des Capsids ein Überdruck von 60 bar aufgebaut werden, und um diesem Druck standzuhalten, muss das Capsid so belastbar sein wie bestimmte Aluminiumlegierungen. Dieses Prinzip, wonach ein ATP-getriebener Eiweißmotor an fadenförmigen Gebilden Bewegung erzeugt, kommt übrigens in der Zelle häufig vor, und wir werden in den Kapiteln 7 und 9 weitere Beispiele kennenlernen.

FAZIT: **Energie und Entropie sind zwei Schlüsselgrößen, um die Richtung von Vorgängen zu beschreiben. Auf diese Weise lässt sich zwischen möglichen und unmöglichen Vorgängen unterscheiden. Entropie ist dabei ein Maß für als Wärme verloren gegangene Energie. Energie verbrauchende Vorgänge (Bergaufrichtung) werden in der Zelle durch die Kopplung mit Energie liefernden Vorgängen (Bergabrichtung) ermöglicht. Ein kleines, Energie übertragendes Molekül namens ATP dient als universelle Energiewährung in der Zelle. Die Wirkungsgrade sind dabei deutlich kleiner als 100 Prozent; der Verlust von Energie ist aber nicht nur negativ zu sehen, weil geringere Effizienz einhergeht mit größerer Geschwindigkeit des betreffenden Vorgangs.**

2.3 Unablässiges Gezappel – Professor Einstein weiß Rat

Die gepuderten und parfümierten Hofschranzen aus der Umgebung von Louis XIV. würde man wohl nicht ohne weiteres für die Geburtshelfer einer bedeutenden wissenschaftlichen Errungenschaft halten. Es waren aber die im damaligen Versailles äußerst beliebten Würfelspiele, deren Probleme den Anlass zur ersten Formulierung der Wahrscheinlichkeitstheorie durch Pierre de Fermat (1601–1665) gaben.

In einem Glas Wasser befinden sich ungefähr 10^{25} Moleküle (zehn Quadrillionen). Es leuchtet ein, dass man den Zustand dieses Wasserglases nicht durch detaillierte Aussagen über *jedes einzelne Molekül* beschreiben kann. Man muss vielmehr zu *statistischen Aussagen* übergehen, die sich auf viele Moleküle beziehen und die mit Durchschnittswerten arbeiten. Dafür wurde, mit Hilfe der mathematischen Wahrscheinlichkeitstheorie, gegen Ende des neunzehnten Jahrhunderts die statistische Thermodynamik entwickelt, insbesondere durch den Österreicher Ludwig Boltzmann (1844–1909). Schon früh wurde vermutet, dass das, was wir makroskopisch als Wärme wahrnehmen, auf der mikroskopischen Ebene das ungeordnete Umhergezappel der Moleküle ist. Je höher die Temperatur, desto größer ist auch die durchschnittliche Geschwindigkeit der Moleküle.

Trotzdem dauerte es erstaunlich lange, bis eine Entdeckung korrekt interpretiert wurde, die der Botaniker Robert Brown (1773–1853) schon 1827 gemacht hatte. Er hatte Pollenkörner unter dem Mikroskop beobachtet und festgestellt, dass sie unablässig hin und her wackeln. Einige triviale Erklärungen («das ganze Mikroskop wackelt») konnten schnell ausgeschlossen werden. Auch handelte es sich nicht um einen Lebensvorgang der Pollenkörner: Brown stellte fest, dass *alle* Partikel von ähnlicher Größe (ungefähr ein millionstel Meter) sich genauso verhalten. Beim systematischen Testen verschiedenster Stoffe gelangte er «schließlich zu dem exotischsten Material, das seinerzeit erhältlich war: zerstoßene Stückchen der Sphinx», so der Biophysiker Philip Nelson. Brown hat 1831 übrigens auch den Zellkern entdeckt, doch diese bedeutende Leistung wird weit seltener zelebriert als die berühmte Brown'sche Bewegung.

Eine schlüssige theoretische Deutung wurde aber erst im Jahr 1905 vorgelegt, von einem jungen Wissenschaftler namens Albert Einstein: Die Brown'sche Bewegung ist nicht die Wärmebewegung des Pollenkorns selbst, denn dieses ist viel zu schwer, als dass es sich von alleine bewegen könnte. Was man sieht, ist vielmehr der Effekt der Wärmebewegung der umgebenden Wassermoleküle. Zufällig donnern mal von der einen Seite, mal von der anderen mehr Wassermoleküle gegen das Pollenkorn, und diese unregelmäßigen Stöße summieren sich zu den sichtbaren zufälligen Bewegungen. Für Einstein war diese wichtige Arbeit wohl eher eine Fingerübung, denn im selben Jahr publizierte er auch noch seine Aufsätze zur Quantennatur des Lichtes (wofür er 1921 den Nobelpreis erhielt) und zur Speziellen Relativitätstheorie.

Bei unserer Reise ins Innere der Zellen spielen die Wärmebewegungen von Molekülen in zwei verschiedenen Zusammenhängen eine Rolle. Das erste Gebiet ist die Diffusion, also der Transport von Molekülen durch thermisches Gezappel. Das zweite Gebiet, dem wir uns weiter unten zuwenden werden, ist das Thema «molekulare Maschinen».

Wie schon in Abschnitt 2.1 besprochen wurde, können sich Moleküle durch Diffusion im Raum verteilen. Dieser Transport ist energetisch zum Nulltarif zu haben: Er wird durch die zufällige Wärmebewegung verursacht und benötigt deshalb keine spezielle Energiequelle als Antrieb. Ein Nachteil ist die quadratische Abhängigkeit des Zeitbedarfs von der zurückgelegten Strecke: Für eine verdoppelte Entfernung benötigt das Molekül die vierfache Zeit. Über längere Strecken, also in großen Lebewesen, ist die Diffusion daher kein praktikabler Mechanismus zum Austausch von Stoffen.

Vielzellige Lebewesen haben deshalb Transportsysteme, die auf *Konvektion* beruhen. Die Entstehung der vielzelligen Tiere vor 900 bis 600 Millionen Jahren ging einher mit der Erfindung des Blutkreislaufs, der durch das schlagende Herz in Gang gehalten wird. Wirbeltiere verwenden den roten Blutfarbstoff Hämoglobin, der Sauerstoff bindet und ihn im ganzen Körper verteilt. Der Eiweißanteil im Hämoglobin ist farblos; die rote Farbe erhält das Blut durch ein kleines Molekül namens Häm, einen eisenhaltigen Farbstoff aus der Gruppe der so genannten Tetrapyrrolpigmente (die sind wichtig und begegnen uns noch öfter). Interessanterweise haben die wirbellosen Tiere (wie Schnecken, Insekten, Spinnen, Krebse) ungefähr zur selben Zeit dasselbe physikalisch-chemische Prinzip entdeckt, es aber mit einer anderen Biochemie umgesetzt: Auch in ihrem blauen Blut gibt es ein metallhaltiges Protein für den Sauerstofftransport, das Hämocyanin. Es enthält aber Kupfer statt Eisen und hat auch sonst keine Gemeinsamkeiten mit Hämoglobin – außer der Fähigkeit, Sauerstoff zu transportieren. ↗ **Evolution der Tiere: Abschnitt 3.1; Hämoglobin: Abschnitt 3.3; Tetrapyrrolpigmente: Abschnitt 5.1**

Bei Pflanzen gibt es einen Konvektionsstrom, bei dem das Wasser von den Wurzeln bis hinauf zu den Blättern fließt; dort verdunstet es. Die kontinuierliche Verdunstung über die Blätter ist die Triebkraft, die letztlich den Transport innerhalb der Pflanze in Gang hält. Kürzlich haben Wissenschaftler um George Koch von der Northern Arizona University herausgefunden, dass dieser Transportmechanismus auch das Größenlimit für Bäume bestimmt: Er funktioniert theoretisch nur bis ungefähr 130 Meter Höhe, was nur wenig höher ist als die größten Bäume, die man tatsächlich kennt. Bisher nahm man nämlich an, dass mechanische Probleme – also die Stabilität des Stammes – die Maximalgröße von Bäumen begrenzen.

Nun gut, Vielzeller sind also auf Konvektion angewiesen. Aber in den einzelligen Organismen mit ihren zwergenhaften Dimensionen von wenigen Mikrometern wird die Diffusion ja wohl ausreichen, oder? Das dachte man jedenfalls bis vor wenigen Jahren, aber auch hier hat sich das Bild gewandelt. Betrachten wir einfach ein paar Zahlen dazu. Abbildung 2.6 zeigt die Verhältnisse für eine Zelle mit einem Durchmesser von einem Mikrometer. Für verschiedene Teilchen ist dargestellt, wie lange sie brauchen, um diese Strecke durch Diffusion zurückzulegen. Wie man

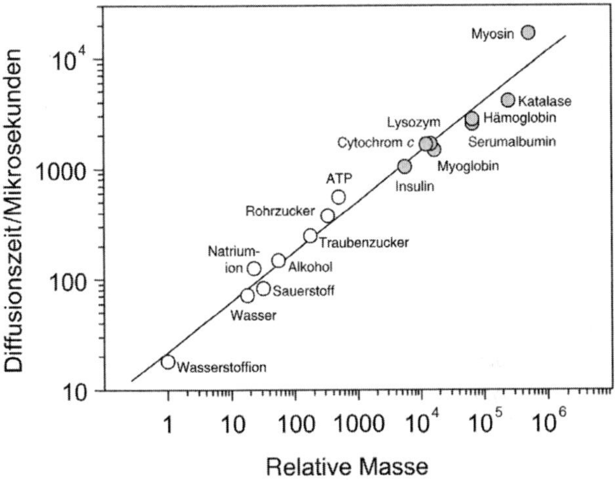

Abbildung 2.6: Diffusionszeiten von verschiedenen Stoffen – je kleiner, desto schneller

sieht, gibt es einen eindeutigen Zusammenhang mit der Größe der Moleküle, der für die großen Eiweiße (graue Kreise) ebenso gilt wie für kleine Moleküle (weiße Kreise): je schwerer, desto langsamer. Das leichteste Teilchen, das Wasserstoffion, legt die Strecke schon in 18 Mikrosekunden zurück, während bei den großen Eiweißen durchaus Zeiten von einer Millisekunde oder mehr benötigt werden.

Nun wurde hier aber nur eine Strecke von einem Mikrometer betrachtet – für Bakterien wäre das realistisch, aber für menschliche Zellen müsste man sinnvollerweise (mindestens) einen zehnmal größeren Durchmesser annehmen und damit (quadratische Abhängigkeit!) jeweils *hundertmal* längere Zeiten.

Hinzu kommt, dass die Diffusionsgeschwindigkeiten in Abbildung 2.6 für extrem *verdünnte Lösungen* ermittelt wurden, in denen die gelösten Stoffe eine Konzentration von ungefähr einem Gramm pro Liter haben. Das wässrige Innere der Zellen ist aber ein zäher, dicker Pudding mit einem Anteil an gelösten Stoffen (hauptsächlich Eiweiße) von 100 bis 500 (!) Gramm pro Liter. Zum Vergleich: Ein rohes Hühnerei, das ja nicht viel Ähnlichkeit mit Wasser aus dem Wasserhahn hat, enthält «nur» ungefähr 100 Gramm Eiweiß pro Liter. In einem solchen zähflüssigen Pudding ist die Diffusion von Molekülen deutlich verlangsamt; alle Zeiten in Abbildung 2.6 wären deshalb noch einmal mit einem Faktor 10 zu multiplizieren. Eine anschauliche Vorstellung dieses Effektes gibt Abbildung 2.7: Die großen Kugeln stellen Eiweißmoleküle dar, die ungefähr 30 Prozent des gesamten Volumens ausfüllen (entsprechend einer Konzentration von 300 Gramm pro Liter). Die kleinen Wassermoleküle können noch ganz gut durch die Lücken flitzen, aber die großen Eiweiße behindern sich gegenseitig stark bei der Diffusion.

Die Konsequenzen des molekularen Gedrängels für die biochemische Maschinerie versteht man erst allmählich; der erste internationale Kongress zum Thema «macromolecular crowding» fand im spanischen Avila im Juni 2003 statt. Die rund 60 Teilnehmer bilden gewissermaßen die Avantgarde in einem Gebiet, dessen Bedeutung in den nächsten Jahren zunehmen dürfte. Bereits heute ist klar, dass praktisch *alle* Vorgänge in den Zellen vom Molekülgedrängel beeinflusst werden; das betrifft die Stabilität von Strukturen ebenso wie die Geschwindigkeit von Reaktionen. Das neue Bild vom Inneren der Zelle ist ein komplexes dreidimensionales Netz aus Proteinen und nicht mehr der simple «wässrige Sack voller Enzyme», wie der 2003 verstorbene Physiologe Peter Hochachka die ältere Sicht in einem seiner letzten Artikel genannt hat.

In Abbildung 2.8 ist dieses Netz sichtbar gemacht. Das Zellskelett aus einem stäbchenförmigen Eiweiß namens Actin ist gut zu erkennen; die größeren rundlichen Partikel sind die Ribosomen, wo genetische Information abgelesen und in Eiweißmoleküle

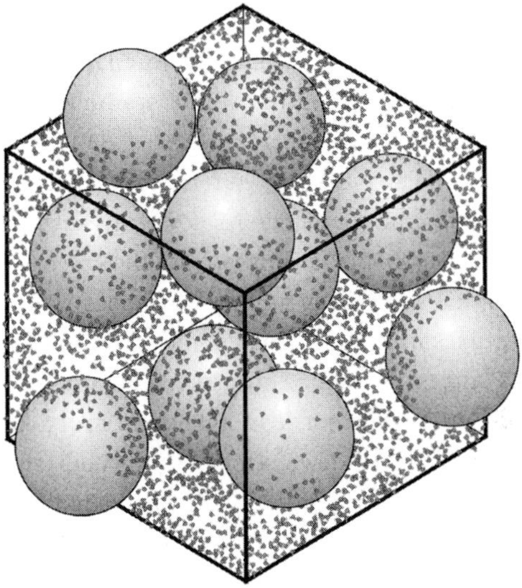

Abbildung 2.7: Das molekulare Gedrängel in der Zelle schematisch …

übersetzt wird. ↗ **Zellskelett: Abschnitt 7.2** Das Bild stammt von Wolfgang Baumeister und seinen Mitarbeitern in Martinsried; sie haben ein raffiniertes Verfahren namens Elektronentomographie verwendet. In der medizinischen Diagnostik ist die Computertomographie schon lange etabliert; dabei berechnet ein Computer aus einzelnen Röntgenaufnahmen ein dreidimensionales Bild. Die gleichen Algorithmen lassen sich auch auf elektronenmikroskopische Schnittbilder übertragen, wodurch inzwischen etliche spektakuläre 3-D-Bilder der biologischen Maschinerie entstanden sind.

Besonders wichtig sind die Konsequenzen des Molekülgedrängels, wie es in Abbildung 2.8 erkennbar ist, für den Transport von Molekülen: Auch innerhalb der Zelle reicht Diffusion nicht aus, entgegen älteren Vorstellungen. Der Zellbiologe Paul

Abbildung 2.8: … und im Elektronenmikroskop

Agutter aus Edinburgh hat abgeschätzt, dass lediglich Strecken bis zu 20 Nanometer (milliardstel Meter) durch reine Wärmebewegung effektiv überbrückt werden können. Deshalb gibt es in den Zellen verschiedene Motoren und molekulare Autobahnen, die für den Transport durch Konvektion sorgen. Denys Wheatley, ebenfalls aus Schottland, hat in Analogie zum Blutkreislauf den Ausdruck «nanocirculation» für diesen Stofftransport geprägt. Die Details dieser Vorgänge sehen wir uns in Kapitel 7 näher an.

Doch kommen wir nun zu etwas völlig anderem. «Heutzutage ist es Mode geworden, vom maschinenartigen Verhalten der Enzyme … zu sprechen. Die Phrasen ‹ein Protein ist eine Maschine›, ‹ein Enzym ist eine Maschine› sind mittlerweile triviale Klischees und bleiben dennoch vage.» Diese Kritik stammt von den russischen Wissenschaftlern Lev Blumenfeld und Alexander Tikhonov. Als ich vor einigen Jahren meine russischen Kollegen in Moskau besuchte, hatte ich Gelegenheit, Tikhonov persönlich kennenzulernen. Sein Institut gehört zur Lomonossow-Universität, einer beeindruckenden Ansammlung monumentaler Bauten im Zuckerbäckerstil, die ungefähr die Ausdehnung einer Kleinstadt hat. Die ganze Universität kündet von der Größe der sowjetischen Wissenschaft – ihrer einstigen Größe, um genau zu sein, denn viele Gebäude wirken so, als hätten sie seit Stalins Zeiten keine frische Farbe mehr gesehen. Die Bedingungen der kommunistischen Mangelwirtschaft führten allerdings auch dazu, dass in den Ländern des «Ostblocks» der Forschertypus des begnadeten Experimentators stärker kultiviert wurde, der es schafft, aus einer Büroklammer und einem Stück Klebeband ein Elektronenmikroskop zu zaubern. Westliche Wissenschaftler erliegen demgegenüber häufiger der Faszination ihrer ungeheuer leistungsfähigen (und ungeheuer teuren) modernen Maschinen und der ungeheuren Datenmengen, die man damit erzeugen kann.

Alexander Tikhonov ist ein solcher genialer Bastler, aber er repräsentiert noch einen weiteren Typus: Die materiellen Beschränkungen führten auch dazu, dass man das wichtigste wissenschaftliche Forschungsgerät, das menschliche Gehirn, ausgiebig nutzte, und deshalb sind gerade die theoretischen Disziplinen eine besondere Stärke der russischen (oder auch ostdeutschen) Wissenschaft. Die Kritik von Blumenfeld und Tikhonov ist nämlich durchaus berechtigt. Ausdrücke wie «molekulare Maschine» oder neuerdings auch «Nanomaschine» sind tatsächlich ungeheuer populär, doch oft bleibt die Bedeutung solcher Begriffe unklar.

Biochemische Maschinen haben mit denen aus der Technik gemeinsam, dass in beiden Fällen Energieumwandlungen stattfinden, zum Beispiel, weil mechanische Arbeit auf Kosten anderer

Energieformen verrichtet wird. Das haben wir in Abschnitt 2.2 schon gesehen. Molekulare Maschinen sind aber nicht einfach nur kleiner als technische, das wäre trivial. Bei molekularen Maschinen spielt die ungeordnete Wärmebewegung der Moleküle eine völlig andere Rolle als etwa bei einer Dampfmaschine oder einem Dieselmotor. Nehmen wir den Dieselmotor als Beispiel: Der Kraftstoff verbrennt, und die heißen Verbrennungsgase üben einen Druck auf den Kolben aus, der diesen in Bewegung setzt, was sich wiederum auf die Welle überträgt. Man kann also zwei Formen von Bewegung klar unterscheiden: zum einen die ungerichtete, mikroskopische Wärmebewegung der Gasmoleküle im Zylinder, zum anderen die makroskopische, mechanische Bewegung von Kolben, Welle, Rädern und schließlich dem Auto insgesamt.

Bei einer molekularen Maschine sind aber *alle Teile* von mikroskopischen Abmessungen – die Unterscheidung zwischen Wärmebewegung und mechanischer Bewegung ist nicht mehr ohne weiteres gültig. Für die Konstruktion einer molekularen Maschine ist es deshalb wichtig, dass nutzbare Energieformen, etwa chemische oder mechanische Energie, nicht sofort durch Bewegungen des Enzyms zu Wärme degradiert werden. Deshalb ist es für molekulare Maschinen oft sinnvoll, dass sie *möglichst schnell* arbeiten, damit die wertvolle Energie weiterverarbeitet wird, bevor sie in Wärme umgewandelt werden kann. Bei makroskopischen, technischen Maschinen ist es oft genau umgekehrt, denn hier *sinkt oft der Wirkungsgrad mit steigender Geschwindigkeit*, weil zunehmend mehr Wärme durch Reibung erzeugt wird. Die Debatte um ein Tempolimit auf Autobahnen illustriert das: Bei hoher Geschwindigkeit ist der Kraftstoffverbrauch pro gefahrener Strecke viel höher als bei moderatem Tempo.

Das Wärmegezappel der Moleküle bewirkt, dass die Nanowelt in mancher Hinsicht für uns nur schwer zu verstehen ist. Wenn ein Teller auf dem Tisch steht, dann bleibt er da auch stehen, und zwar unbegrenzt lange, obwohl es aus energetischer Sicht günstiger wäre, wenn er auf dem Boden läge. Das tritt aber von alleine nicht ein, sondern erst, wenn Erdbeben, tobende Kinder oder ähnliche Auslöser den Teller in Bewegung setzen. In der Nanowelt hingegen tanzt der Nanoteller unablässig auf dem Nanotisch herum und landet dabei über kurz oder lang von alleine auf dem Nanofußboden (wobei man aber immer hoffen kann, dass er auch von alleine wieder auf den Nanotisch zurückhopst). Es ist ein einziges großes Gezappel, wobei manche Bewegungen der Eiweißmaschinen unabhängig von der Umgebung erfolgen, andere an das Wärmegezappel der umgebenden Moleküle gekoppelt sind. Falsch wäre es allerdings, die Wärmebewegung nur als störenden Einfluss zu sehen, der das Funktionieren der biochemischen Maschinchen erschwert. In Kapitel 7 werden wir auf eine produktive Rolle dieses Gewackels stoßen.

FAZIT: **Die mikroskopische Welt der Moleküle ist von unaufhörlichem Gezappel und Gewackel geprägt. Diese Wärmebewegung bewirkt zum Beispiel den Transport von Molekülen durch Diffusion. Allerdings benötigen alle Lebewesen, Einzeller ebenso wie vielzellige Formen, daneben Transportsysteme auf der Basis von Konvektion, denn Diffusion ist nur über sehr kurze Strecken effektiv. Ein anderer Aspekt der Wärmebewegung betrifft die Konstruktion von Eiweißen und anderen molekularen Maschinen: Sie müssen so gebaut sein, dass nutzbare Energie nicht sofort über Molekülbewegungen als Wärme verloren geht.**

2.4 Die Reaktionskinetik: Geht's nicht etwas schneller?

Beim Verbrennen von Holz oder Papier wird reichlich Energie frei, also ist eine solche Verbrennung im thermodynamischen Sinn eine «freiwillige» oder «spontane» Reaktion. Ich vermute allerdings, das Medium Buch hätte nicht seine heutige Popularität erlangt, wenn Papier tatsächlich beim bloßen Kontakt mit Luftsauerstoff *spontan* in Flammen aufginge. Warum also passiert das nicht – wie kann ein Vorgang thermodynamisch erlaubt sein und trotzdem ausbleiben? Offensichtlich muss man unterscheiden zwischen der *thermodynamischen Bilanz* einerseits und der *Geschwindigkeit* einer Reaktion andererseits, und für Letztere ist die Reaktionskinetik zuständig. Die Unterscheidung zwischen Energiebilanz und Geschwindigkeit hört sich im Nachhinein trivial an, doch es gelang erst in der zweiten Hälfte des neunzehnten Jahrhunderts, diese beiden Aspekte sauber zu trennen.

Damit Moleküle miteinander reagieren können, müssen sie in geeigneter Weise *kollidieren*, und der Stoß muss *energiereich genug* sein, damit es zu einer Neuordnung der chemischen Bindungen kommen kann. Sehen wir uns ein schematisches Beispiel an (Abbildung 2.9): A und B reagieren miteinander und bilden dabei C. Der Energiegehalt von C ist geringer als der von A und B, also ist die Bildung von C energetisch eine Bergabreaktion. Aber zunächst müssen die Reaktionspartner einen Berg überwinden, der als *Aktivierungsenergie* bezeichnet wird. Diese Aktivierungsenergie geht nicht in die Energiebilanz ein; was links des Berges an zusätzlicher Energie investiert wurde, kommt rechts wieder heraus. Aber für die Geschwindigkeit der Reaktion ist die Höhe der Barriere entscheidend: je höher die Aktivierungsenergie, desto langsamer die Reaktion. Mit dem Konzept der Aktivierung lässt sich auch verstehen, warum Reaktionen mit steigender Temperatur schneller werden: Je höher die Temperatur ist, desto

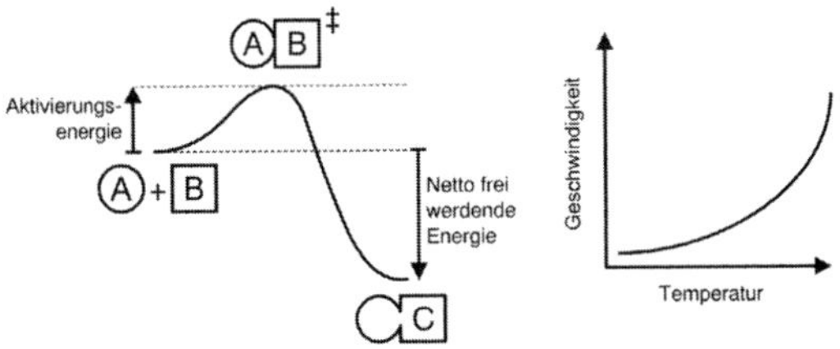

Abbildung 2.9: Reaktionskinetik – wenn man erst mal über den Berg ist, geht alles ganz einfach

mehr Moleküle sind «heiß» (= energiereich) genug, um die Barriere zu überwinden.

Auf dem Gipfel der Energiekurve ist das merkwürdige Gebilde $AB^{\ddagger}$ eingezeichnet. Dieser energiereiche «Übergangszustand» ist äußerst kurzlebig, und man kann ihn nicht in die Flasche füllen und aufbewahren. Er existiert nur für einen winzigen Augenblick im Verlauf der Reaktion. Den Übergangszustand erkennt man daran, dass er auf dem Gipfel des Aktivierungsberges thront, und er wird zudem mit dem Doppelkreuz ‡ gekennzeichnet. Urheber dieser Gepflogenheit war der amerikanische Physikochemiker Henry Eyring (1901–1981), allerdings nicht ganz freiwillig. Im Manuskript eines wissenschaftlichen Artikels hatte Eyring von Hand ein Sternchen zur Markierung des Übergangszustandes eingetragen. Die Sekretärin ersetzte dieses beim Abtippen durch ein Gebilde aus Minus- und Pluszeichen, weil sie kein Asterisksymbol auf ihrer Tastatur hatte. Der Setzer wiederum interpretierte das selbstgebastelte Zeichen als Doppelkreuz – eine wissenschaftliche Konvention war geboren.

Die meisten Reaktionen in der Zelle laufen allerdings unter Mitwirkung von Enzymen ab. ↗ **Enzymstrukturen: Abschnitt 3.3** Sie sind Katalysatoren, die Reaktionen beschleunigen. Der Trick der Enzyme besteht darin, die Energiebarriere zu senken, indem die Substrate in einer günstigen Anordnung gebunden werden, wo-

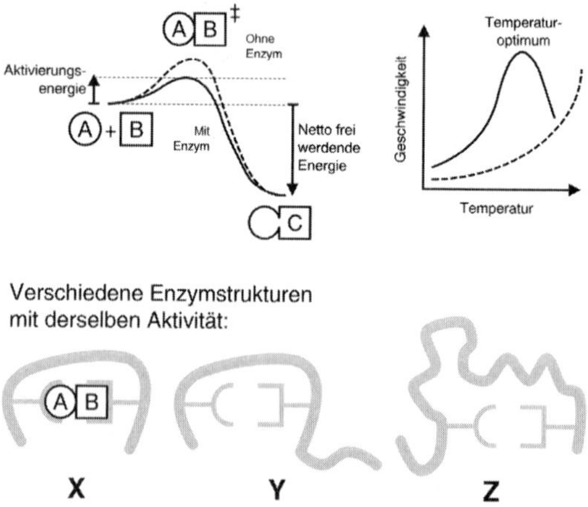

Abbildung 2.10: Die Wirkung von Enzymen

bei der Übergangszustand stabilisiert wird. In Abbildung 2.10 ist das schematisch gezeigt. Wichtig ist dabei, dass der Energieberg, den die Moleküle unterwegs passieren müssen, zwar kleiner wird – aber die Energiedifferenz zwischen Ausgangs- und Endzustand bleibt exakt dieselbe. Enzyme beschleunigen Reaktionen, aber sie sind keine magischen Apparaturen, die die Gesetze der Thermodynamik außer Kraft setzen. Eine thermodynamisch unmögliche Reaktion wird nicht durch ein Enzym auf wundersame Weise plötzlich möglich.

Wie bei unkatalysierten Reaktionen wird auch eine enzymatische Reaktion mit höherer Temperatur schneller, allerdings nur bis zu einem Optimum der Temperatur. Wie alle Eiweiße verlieren die Enzyme bei zu hoher Temperatur ihre geordnete Struktur und damit auch ihre Enzymaktivität. Die optimale Temperatur für die Enzyme unseres Körpers liegt bei circa 37 °C, weil das die Körpertemperatur ist. Krankheitserreger, die unseren Körper besiedeln, haben verständlicherweise dasselbe Temperaturoptimum. Übrigens wird oft spekuliert, das Fieber bei Infektionen diene dazu, durch Erhöhung der Körpertemperatur die Enzyme der Erreger aus dem Tritt zu bringen. Das klingt zunächst ganz plausibel, ist aber vermutlich falsch.

Damit ein Enzym ein Molekül (sein Substrat) bearbeiten kann, muss es dieses zuerst binden. Dem Prinzip von «Schlüssel und Schloss» sind wir schon in Abschnitt 2.1 begegnet. Moderne Erweiterungen sind vom Bild eines starren Schlosses abgerückt und betonen die Beweglichkeit der Enzyme. Im Jahr 1958 veröffentlichte der Amerikaner Daniel Koshland sein Konzept des «induced fit», also der *induzierten Passung*. Danach faltet sich das Enzym beim Binden um das Substrat, etwa so, wie sich ein Handschuh der Form der Hand anschmiegt. Anfangs traf diese neue Theorie auf heftigen Widerstand; eine Zeitschriftenredaktion ließ den späteren Nobelpreisträger Koshland wissen: «Die Theorie von Emil Fischer ist seit 100 Jahren ein Grundstein und wird nicht durch die Ideen eines obskuren jungen Biochemikers umgestoßen.»

Seit einigen Jahren betont man zudem die Rolle von Enzymbewegungen *während der Reaktion*. Viele Enzyme wurden von der Evolution so optimiert, dass sie die eigene Wärmebewegung raffiniert ausnutzen, um den reagierenden Molekülen über den Energieberg zu helfen. Doch alle diese Erweiterungen haben mit dem ursprünglichen Konzept gemeinsam, dass es immer eine Komplementarität zwischen Enzym und Substrat geben muss (der Handschuh mag geknautscht sein, solange sich keine Hand darin befindet, aber die Form der Hand mit ihren fünf Fingern ist trotzdem schon vorgeprägt).

Für die Passung von Enzym und Substrat sind meist nur einige wenige Bereiche der Enzymstruktur entscheidend. Abbildung 2.10 zeigt im unteren Teil schematisch drei verschiedene Enzyme, die alle die Moleküle A und B binden können. Während Enzym X und Y noch recht ähnlich sind, hat Z mit ihnen keine Gemeinsamkeiten mehr, außer der Bindungsmöglichkeit für die beiden Substrate. Das ist wichtig zum Verständnis der Evolution biologischer Strukturen: Gegner der Evolutionstheorie rechnen mit großer Leidenschaft vor, wie astronomisch unwahrscheinlich es doch sei, dass sich durch bloßen Zufall *eine bestimmte Enzymstruktur* herausgebildet habe. Korrekt – aber für jede denkbare biochemische Reaktion gibt es auch astronomisch viele alternative Enzymformen, die sie katalysieren können, und das gleicht es wieder aus.

Was die Beschleunigung von Reaktionen angeht, so ist der Rekordhalter ein Enzym, durch das eine bestimmte Reaktion um den Faktor 10^{21} schneller wird – das ist eine Trilliarde, eine enorme Zahl, die sogar höher ist als das US-Haushaltsdefizit in Dollar. Unkatalysiert würde die betreffende Reaktion eine Milliarde Jahre benötigen, während sie mit dem Enzym in einem Sekundenbruchteil abläuft. So starke Beschleunigungen sind allerdings nicht die Regel und nur bei Reaktionen möglich, die von sich aus extrem langsam sind. Schnellere Reaktionen werden weniger beschleunigt, etwa um das Tausend- bis Millionenfache.

Die meisten Enzyme katalysieren pro Sekunde ungefähr 100 bis 10 000 Umwandlungen. Vielleicht ließe sich da oft noch mehr herausholen, aber es gibt einen guten Grund, dass die Evolution die Enzymreaktionen nicht immer für maximale Geschwindigkeit ausgelegt hat: Die Substrate müssen ja durch Diffusion zum Enzym gelangen, und die Reaktionsprodukte müssen ebenfalls durch Diffusion das Enzym wieder verlassen. Es wäre sinnlos, ein Enzym so schnell zu machen, dass es die meiste Zeit untätig herumsitzt, weil die Diffusion der beteiligten Moleküle nicht Schritt halten kann mit der eigentlichen Reaktion.

Überhaupt ist Geschwindigkeit nicht alles. Die Evolution der Enzymstrukturen ist ein Optimierungsproblem, bei dem ein Kompromiss zwischen (mindestens) drei wichtigen Parametern gefunden werden muss. ↗ **Optimierung in der Evolution: Kapitel 10** Neben der *Geschwindigkeit* sind dies die *Bindungsstärke* und die *Spezifität*.

Die Bindungsstärke beschreibt, wie stark das Enzym sein Substrat bindet. Gerade für Substrate, die sehr selten in der Zelle vorkommen, kann es sinnvoll sein, ein wenig Geschwindigkeit zugunsten der Bindungsstärke zu opfern: Damit steigt nämlich die Wahrscheinlichkeit, dass das Enzym sich tatsächlich ein Substratmolekül schnappt. Die Spezifität beschreibt die Fähigkeit des Enzyms, zwischen seinem eigentlichen Substrat und anderen, ähnlichen Molekülen zu unterscheiden. Mangelnde Spezifität könnte dazu führen, dass *irgendwelche* Moleküle dem Enzym in die Finger geraten, was zu unerwünschten Nebenreaktionen führen würde.

Diese Notwendigkeit, *mehrere Optimierungskriterien* gleichzeitig unter einen Hut zu bekommen – also im Fall der Enzyme Geschwindigkeit, Bindungsstärke *und* Spezifität –, besteht für die Evolution praktisch überall, nicht nur auf der molekularen Ebene. Unsere Knochen beispielsweise sollen einerseits *möglichst stabil* sein, aber andererseits *möglichst leicht und materialsparend* konstruiert sein. Die Lösung besteht in diesem Fall darin, dass sie nicht massiv sind, sondern hohl mit einer raffinierten Wabenstruktur, die Festigkeit mit geringem Gewicht vereint.

FAZIT: **Die Thermodynamik beschreibt lediglich die Energiedifferenz zwischen Ausgangs- und Endzustand, und sie kann somit die Frage beantworten, ob eine bestimmte Reaktion überhaupt erlaubt ist. Eine ganz andere Frage ist aber, wie schnell eine eigentlich erlaubte Reaktion dann tatsächlich abläuft. Für die Geschwindigkeit (bio)chemischer Reaktionen ist die Höhe des Energieberges entscheidend, den die reagierenden Moleküle unterwegs passieren müssen. Die Enzyme sind biologische Katalysatoren, die Reaktionen beschleunigen, weil sie durch raffinierte Tricks die Höhe dieser Aktivierungsbarriere senken.**

3 Die Spieler: Moleküle, Zellen und all das Zeug

Man muß sagen, daß für den menschlichen Technologen die Zelle ein zumindest ungewöhnlicher Apparat ist, den er eher zu bewundern als zu begreifen vermag. Ein so «einfacher» Organismus wie das Bakterium des Grimmdarms teilt sich alle zwanzig Minuten. In diesem Zeitraum produziert das Bakterium in jeder Sekunde tausend Proteinmoleküle. Da sich ein einzelnes Proteinmolekül aus rund tausend Aminosäuren zusammensetzt, von denen jede an ihren Platz gebracht und in die entstehende molekulare Konfiguration «eingepaßt» werden muß, ist das eine Aufgabe, die es in sich hat. Bei vorsichtigster Schätzung erzeugt das Bakterium mindestens **1000 bits Information pro Sekunde. Was diese Zahl bedeutet, zeigt der Vergleich mit den Informationseinheiten, die der menschliche Geist in der gleichen Zeit zu verarbeiten vermag: es sind rund 25 bits.** Stanisław Lem, *Summa technologiae, Kapitel VIII: Pasquill auf die Evolution*

3.1 Was bisher geschah: Die vergangenen viereinhalb Milliarden Jahre im Zeitraffer

Jetzt geht's ab in die Zelle! Es gibt aber nicht die Zelle an sich, sondern viele verschiedene Typen, und es ist sinnvoll, einmal die wichtigsten Formen und ihre Verwandtschaftsverhältnisse vorzustellen.

Alle Zellen haben ein wässriges Inneres, das Cytosol (oder Cytoplasma). Dabei sollte man allerdings nicht an flüssiges Wasser denken. Wie in Abschnitt 2.3 besprochen, enthält das Cytosol viele gelöste Stoffe und hat mehr Ähnlichkeit mit einem Pudding. Umgeben ist das Cytosol von einer Membran aus Lipiden, also fettartigen Molekülen. ↗ **Wasser und Lipide: Abschnitt 3.2**

Diese beiden Bestandteile, wässriges Cytosol und Lipidmembran, bilden das Bauprinzip aller Zellen. Außerhalb der Zellmembran liegen allerdings oft weitere Schichten wie die Häute einer Zwiebel. Diese zusätzlichen Schichten enthalten meist ein Stützkorsett, das der Zelle mechanische Festigkeit verleiht. Penicilline und manche anderen Antibiotika hemmen genau deshalb das Bakterienwachstum, weil sie den Aufbau dieses Stützkorsetts blockieren. Viele Bakterien haben zusätzlich, außerhalb des Stützkorsetts, auch noch eine weitere Lipidmembran. Alle diese Schichten zusammen – Zellmembran plus äußere Hüllen – heißen Zellwand.

Die äußeren Schichten der Zellwand sind porös. Die eigentliche chemische Barriere, mit der die Zelle zwischen Innen und Außen unterscheidet, ist immer die Zellmembran. Weil die meisten Moleküle diese Membran nicht «einfach so» passieren können, enthält sie eine Fülle von Kanälen, Schleusen und Pumpen für den Austausch von Stoffen zwischen Zelle und Umgebung.
↗ **Membrantransport: Kapitel 4**

Die einfachsten Zellen bilden zwei Hauptgruppen: die Bakterien und die Archäen. Letztere wurden erst vor rund dreißig Jahren entdeckt. Anfangs hielt man sie für urtümliche Bakterien und nannte sie Archäbakterien. Inzwischen weiß man, dass sie eine eigenständige Gruppe im Reich des Lebendigen sind. Archäen kommen in praktisch allen Lebensräumen der Erde vor, und man hat sie auch auf menschlichen Schleimhäuten und im Darm gefunden. Für die Gattung *Methanobrevibacter* wurde sogar eine Beteiligung an Erkrankungen wie Zahnfleischentzündung nachgewiesen. Doch generell ist das Potenzial der Archäen als Krankheitserreger viel geringer als das der Bakterien – und keiner weiß genau, worauf dieser Unterschied beruht.

Der grundlegende Aufbau der Archäen gleicht dem der Bakterien: Cytosol, Zellmembran und weitere Schichten. Allerdings verwenden sie völlig andere Lipide. Der Unterschied ist so gravierend, dass man vermuten könnte, Bakterien und Archäen hätten unabhängig voneinander das Prinzip Zellmembran erfunden. ↗ Photosynthese der Archäen: Abschnitt 6.3 Demnach wären die ersten Zellen auf zwei verschiedenen Wegen entstanden. Diese kühne Hypothese wurde von dem Biologen William Martin und dem Geologen Michael Russell im Jahr 2002 vorgeschlagen. Bill Martin wendet genetische Methoden zur Rekonstruktion der Evolution der Zellen an; wir werden später auf seine Arbeiten zurückkommen. Bill ist nicht nur ein exzellenter Wissenschaftler, sondern auch – was leider in der Wissenschaft nicht selbstverständlich ist – ein mitreißender Redner; wenn man seinen Ausführungen folgt, kann man sich kaum vorstellen, dass es auch anders sein könnte. Trotzdem ist der unabhängige Ursprung von Bakterien und Archäen gegenwärtig nur ein Modell unter mehreren.

Es gibt neben den Lipiden weitere biochemische Unterschiede zwischen Bakterien und Archäen, aber sie haben eines gemeinsam: Beide Gruppen haben keinen Zellkern und werden zu den *Prokaryonten* gezählt (Abbildung 3.1). Ihnen gegenüber stehen die *Eukaryonten*, die einen Zellkern besitzen. Dieser liegt im Cytosol und ist von einem komplizierten Membransystem umgeben; hier ist das Erbgut der Eukaryonten untergebracht. Zu den Eukaryonten gehören die so genannten «höheren» Lebewesen, die Pflanzen, Pilze und Tiere, also auch wir. Das Zwiebelprinzip der Zellen findet sich auch bei den Eukaryonten: Cytosol, Zellmembran und weitere Schichten. Pflanzen haben Cellulose in der Zellwand («der Stoff, aus dem die Bäume sind»); Pilze verwenden für denselben Zweck Chitin, das auch im Panzer von Krebsen oder Insekten vorkommt.

Außer dem Zellkern gibt es weitere Unterschiede zwischen Eukaryonten und Prokaryonten, etwa die Größe: Bakterien und Archäen sind typischerweise einen bis zehn Mikrometer groß (ein Mikrometer ist ein millionstel Meter, also ein tausendstel Millimeter). Eukaryonten haben typische Durchmesser von zehn bis hundert Mikrometer, sind also circa zehnmal so groß. Doch das Volumen hängt von der dritten Potenz des Durchmessers ab, das Volumen eukaryontischer Zellen ist also rund tausendmal größer als bei Prokaryonten.

Eukaryontenzellen sind obendrein mit allerlei Apparaturen vollgestopft, auf die Prokaryonten offensichtlich verzichten können. Wie der menschliche Körper für verschiedene Funktionen spezialisierte Organe verwendet, so verwenden auch die Eukaryontenzellen eine Fülle von Organellen (also «Organchen»). Neben dem Zellkern gibt es weitere, die in der Abbildung pauschal als «diverse Organellen» bezeichnet werden. Sie hängen zum Teil mit den Membranen des Kerns zusammen, andere dieser Organellen sind unabhängig davon.

Viele Organellen werden jeweils von einer Lipidmembran umschlossen, aber es gibt auch Organellen mit einer zweifachen Membran. Dazu gehören die Mitochondrien. Sie werden oft als Kraftwerke der Zellen bezeichnet: Hier wird die Nahrung im Zuge der Zellatmung verbrannt, dabei wird die energiereiche Substanz ATP gebildet. ↗ **ATP: Abschnitt 2.2; Atmung: Kapitel 5**

Mitochondrien haben daher eine zentrale Rolle im Stoffwechsel der Eukaryonten. Wenn man ihre Tätigkeit blockiert, etwa durch Cyankali, dann hat das tödliche Konsequenzen, wie jeder Krimileser weiß. Algen und höhere Pflanzen besitzen zusätzliche Organellen, die das Sonnenlicht einfangen und damit Photosynthese betreiben. Sie heißen Chloroplasten und sind ebenfalls von zwei Membranen umgeben. ↗ **Photosynthese: Kapitel 6**

Da Prokaryonten viel einfacher gebaut sind, waren sie vermutlich zuerst da, und es fragt sich, wie die Eukaryonten aus ihnen hervorgegangen sind. Die ersten Eukaryonten waren Einzeller, doch später kamen vielzellige Formen (zum Beispiel wir) hinzu. Vielzelligkeit und die Differenzierung in verschiedene

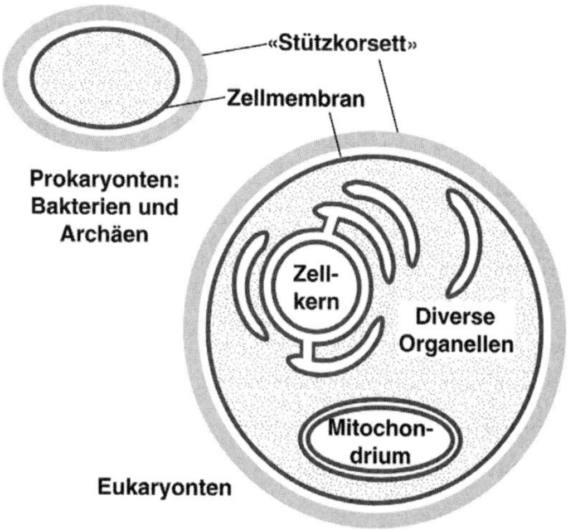

Abbildung 3.1: Grundstrukturen von Prokaryonten und Eukaryonten

Gewebe und Organe ist eine weitere Besonderheit von Eukaryonten gegenüber den Prokaryonten.

Eukaryonten sind eigenartige Zwitterwesen: Große Teile ihrer Biochemie gleichen dem Stoffwechsel in Bakterien; so sind die Membranlipide der Eukaryonten vom bakteriellen Typ. Andererseits weisen sie bei der Genetik mehr Gemeinsamkeiten mit Archäen auf. Die meisten Wissenschaftler vermuten, dass dieser Flickenteppich der Eukaryonten-Biochemie tatsächlich dadurch entstand, dass sich eine Chimäre aus einem Bakterium (oder mehreren?) und einem Archäon bildete.

Diese Idee ist sehr plausibel und wird im Grundsatz weitgehend akzeptiert. Bei den Details hingegen wird es schwierig. Es gibt rund zwei Dutzend Theorien, die sich insbesondere darin unterscheiden, *welche* Prokaryonten sich zusammengerauft haben sollen – und in welcher Reihenfolge, falls es mehr als zwei waren.

Zumindest für einen Bestandteil der Eukaryontenzelle ist die

Herkunft ziemlich klar: Die Mitochondrien waren ursprünglich frei lebende Bakterien, die eine Symbiose mit einer anderen Zelle eingingen. Der Mitochondrienvorläufer war dabei der «Gast» und die andere Zelle der «Wirt». Im Laufe der Zeit haben die Mitochondrien die Fähigkeit zum eigenständigen Leben eingebüßt, sodass sie heute nur in der Wirtszelle existieren können. Weil bei dieser Symbiose eine Zelle *in* einer anderen lebt, wird sie als *Endosymbiose* bezeichnet. Das Konzept ist nicht neu; es wurde an der Wende vom neunzehnten zum zwanzigsten Jahrhundert vorgeschlagen. Seit 1970 hat sich die amerikanische Mikrobiologin Lynn Margulis für die Endosymbiosetheorie stark gemacht, die heutzutage allgemein akzeptiert wird. Man konnte sogar die Herkunft der Mitochondrien lokalisieren: Innerhalb der Bakterien gibt es die Proteobakterien, zu ihnen gehört die Ordnung *Rickettsiales*, deren Mitglieder den Mitochondrien stark ähneln. Viele Rickettsien können in anderen Zellen leben, oft allerdings als Parasiten und Krankheitserreger, beispielsweise für Typhus.

Ziehen wir eine Zwischenbilanz: Erstens sind Eukaryonten eine Mixtur von Bakterien- und Archäenanteilen. Zweitens kann man für einen Bestandteil der Eukaryonten, das Mitochondrium, den bakteriellen Vorläufer ziemlich genau identifizieren. Also ist folgende Hypothese zur Entstehung der Eukaryonten besonders elegant: Der erste Eukaryont entstand, als ein Bakterium aus der Gruppe der Rickettsien eine Endosymbiose mit einem Archäon einging. Ein solches Modell wurde 1998 von Bill Martin und seinem Kollegen Miklós Müller vorgestellt. Andere Autoren, auch Lynn Margulis, haben konkurrierende Modelle vorgeschlagen. An der Hypothese von Martin und Müller überzeugt neben ihrer Eleganz auch, dass seit 1998 mehrere Vorhersagen des Modells erfüllt wurden.

Wie erwähnt, sind Mitochondrien von zwei Membranen umgeben, während andere Organellen nur eine haben. In Abbildung 3.2 ist gezeigt, wie man sich die Entstehung solcher unterschiedlicher Organellen vorstellen kann: Ein Archäon hat ein Bakterium in sich aufgenommen, indem sich eine Blase der Zellmembran nach innen abschnürte. Die äußere Membran des Mitochondriums leitet sich also von der Zellmembran des Wirtes ab, die innere von der Zellmembran des Gastes. Organellen mit nur einer Membran leiten sich hingegen direkt von abgeschnürten Blasen der Zellmembran des Wirtes ab; auch das Membransystem des Zellkerns könnte so entstanden sein.

Eine Weisheit aus dem menschlichen Leben besagt, dass man eine gute Idee nicht zu oft strapazieren sollte. Die Natur kennt solche Skrupel nicht und hat häufig auf das Prinzip der Endosymbiose zurückgegriffen. Ein wichtiges Ereignis ist die Entstehung der Photosynthese betreibenden Eukaryonten, also der Algen und Pflanzen. Sie leiten sich von einem einzelligen Eukaryonten ab, der die Wirtszelle war und als Gast ein Cyanobakterium aufgenommen hat. Unter den Bakterien sind nur Cyanobakterien in der Lage, für die Photosynthese einen besonders häufigen und billigen Rohstoff zu nutzen: Wasser. Das Wasser wird dabei gespalten, und als Abfallprodukt entweicht Sauerstoff. Dieselbe Art der Photosynthese findet sich auch bei den Algen und Pflanzen, denn ihre Chloroplasten sind ja die Nachfahren frei lebender Cyanobakterien.

Die Skizze zur Entstehung der Doppelmembran (Abbildung 3.2) gilt auch für die Chloroplasten. Und wie bei den Mitochondrien kann man die Vorfahren der Chloroplasten gut eingrenzen: Die Cyanobakterien der Gattung *Nostoc* sind nach einer genetischen Analyse – wieder einmal von Bill Martin und seinen Kollegen – den Chloroplasten besonders ähnlich. Das ist auch deshalb plausibel, weil diese Gattung generell oft Symbiosen eingeht.

Eine Pflanzenzelle im Detail zeigt Abbildung 3.3 – die Darstellung ist stark schematisch, aber immerhin etwas realistischer als die groben Annäherungen in Abbildung 3.1 und 3.2. Solch eine

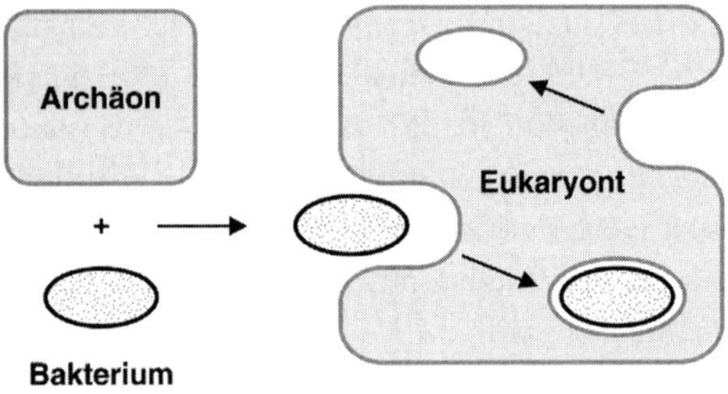

Abbildung 3.2: Entstehung der Organellen – so könnte es gewesen sein

Zelle hat einen Durchmesser von rund 20 Mikrometern (zum Vergleich: Der Ausschnitt aus dem Cytosol in Abbildung 2.8 hat eine Breite von 0,8 Mikrometern, ist also stärker vergrößert). Der Zellkern (Nuc für Nucleus) ist gut zu erkennen; der besonders dunkle Teilbereich darin ist der Nucleolus, jener Ort, wo gerade Erbinformation von der DNA abgelesen wird. Ferner erkennt man einige Mitochondrien (Mit) und die deutlich größeren Chloroplasten (Chl). In der Mitte der Zelle macht sich zudem eine andere Organelle breit, die Vacuole, die nur bei Pflanzenzellen vorkommt. Sie dient als Nährstoffspeicher und Abfalldeponie; obendrein wirkt sie wie ein wassergefüllter Ballon, der die Zelle von innen gegen die Zellwand drückt und so dem Pflanzengewebe Stabilität verleiht.

Nachdem wir nun eine Vorstellung davon haben, was sich in der Evolution der Zellen abgespielt hat, wollen wir einen Blick auf den zeitlichen Ablauf werfen (Abbildung 3.4). Das Sonnensystem entstand vor 4,6 Milliarden Jahren, die Erde selbst vor 4,5 Milliarden. Ungefähr 200 Millionen Jahre später war die anfänglich glühend heiße Erde so weit abgekühlt, dass sich die ersten Ozeane bilden konnten. Damit war eine Voraussetzung für die Entstehung von Leben erfüllt. Niemand kann genau sagen, wann die chemischen Reaktionen auf der frühen Erde in einen

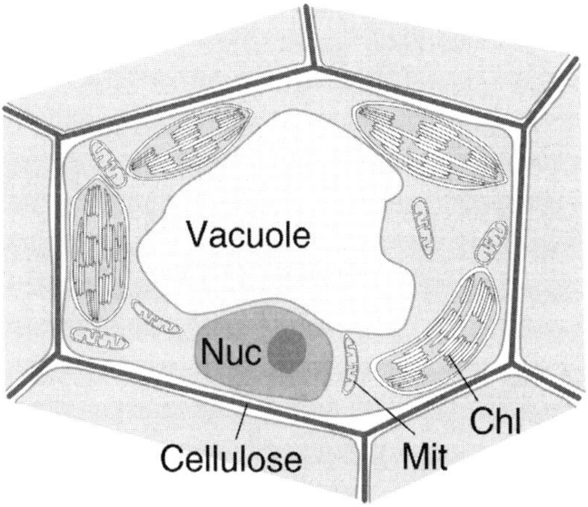

Abbildung 3.3: Das Innenleben einer Pflanzenzelle

echten biochemischen Stoffwechsel übergingen. Es wird aber allgemein angenommen, dass das älteste Zeitalter der Erdgeschichte, das Azoikum (bis vor 4 Milliarden Jahren), unbelebt war.

Die ältesten möglichen Anzeichen für Leben stammen aus der Zeit vor 3,9 bis 3,5 Milliarden Jahren. Diese Indizien wurden allerdings in den vergangenen Jahren von verschiedenen Wissenschaftlern angezweifelt. Sie sehen in den vermeintlichen Lebensspuren ein Resultat rein geologischer Prozesse. Die neueren Arbeiten haben nicht bewiesen, dass es so früh kein Leben gab. Aber die bisherigen Belege für seine Existenz sind keineswegs so eindeutig, wie man vor wenigen Jahren noch dachte. Dabei geht es überwiegend um unterschiedliche wissenschaftliche Interpretationen – eine alltägliche Sache.

Nicht alltäglich war allerdings der Aufruhr, den es im Jahr 2002 um den amerikanischen Paläontologen Bill Schopf gab, einen weltweit anerkannten Experten für Mikrofossilien. Schopf hatte 1987 Aufnahmen von mikroskopisch kleinen Einschlüssen in 3,5 Milliarden Jahren altem australischem Gestein veröffentlicht, die er als fossile Cyanobakterien interpretierte. Dieser Interpretation, die inzwischen zu Lehrbuchwissen avanciert war, hat 2002 Martin Brasier von der Universität Oxford heftig widersprochen. Zunächst hatte Brasier die Bilder untersucht: Neben Einschlüssen, die echten Zellen ähneln, gibt es jede Menge «Monster», die offenkundig keine Zellüberbleibsel sein können, sondern auf chemische Vorgänge im Gestein zurückgehen. Sein Verdacht, hier könne ein «Fehler» vorliegen, hat sich verdichtet, als er sich den geologischen Kontext der Funde ansah: Die Gesteine sind keine Sedimente vom Meeresboden, wie Schopf stets behauptet hatte. Sie stammen aus einer von Lava überfluteten vulkanischen Umgebung, wodurch das Vorhandensein von Cyanobakterien noch unwahrscheinlicher wird. Brasiers Vorwurf: Schopf hat offensichtlich selektiv nur «gute», zellähnliche Bilder gezeigt. Und dann hat auch noch Bonnie Packer, eine ehemalige Studentin Schopfs, aus der Schule geplaudert: Sie hat sich nach eigener Aussage bereits 1987 mit ihm gestritten, weil er gezielt die unpassenden Bilder ignorierte (ihre Doktorarbeit, was nicht verwundert, hat sie in einer anderen Arbeitsgruppe abgeschlossen).

Als echte Lebensspuren gelten auf jeden Fall 3,2 Milliarden Jahre alte Mikrofossilien, und für die Zeit vor 2,6 Milliarden Jahren gibt es auch Hinweise auf die Besiedlung des Festlandes durch Mikroben. Zu dieser Zeit waren die Bakterien wohl schon in die heutigen Gruppen aufgefächert. In Abbildung 3.4 sind exemplarisch nur Cyanobakterien und Proteobakterien dargestellt. Innerhalb der Archäen hatten sich vor ungefähr 2,7 Milliarden Jahren ebenfalls zwei Hauptzweige herausgebildet. Man hat ihnen die wahrhaft poetischen Namen «Euryarchaeota» und «Crenarchaeota» gegeben (keine Angst, das wird später nicht abgefragt).

Auch der spätere Archäenanteil der Eukaryonten war damals wohl schon ein eigener Ast am Stammbaum der Archäen, aber es

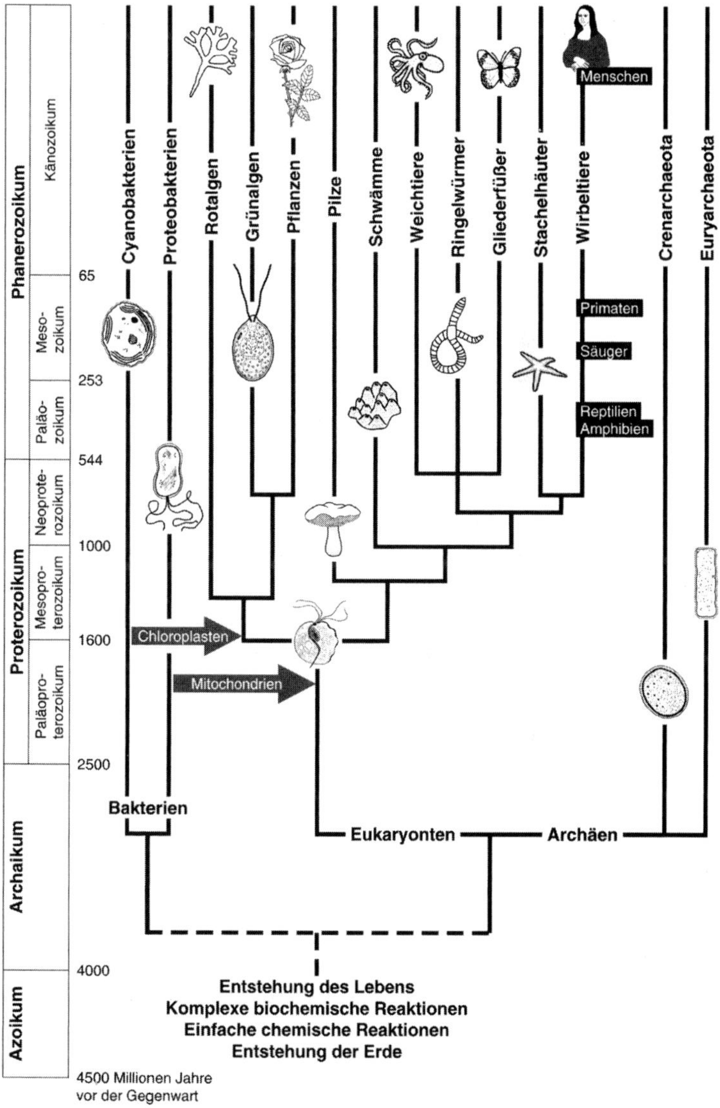

Abbildung 3.4: Die Entfaltung des Lebens auf der Erde

ist unklar, welche heutigen Archäen das beste Modell für diesen Eukaryonten-Urahn wären. Die Eukaryonten waren jedenfalls schon vor 1,5 Milliarden Jahren vorhanden, das zeigen Mikrofossilien. Die Endosymbiose mit dem Proteobakterium, das zum Mitochondrium wurde, hatte vermutlich schon mehrere hundert Millionen Jahre früher stattgefunden.

Nicht lange nach der Entstehung der Eukaryonten entdeckte einer von ihnen die Photosynthese für sich, als er ein Cyanobakterium als Endosymbiont aufnahm. Die Aufspaltung in Rot- und Grünalgen erfolgte vor rund 1,3 Milliarden Jahren; die Chloroplasten der Rotalgen sind altertümlicher, weil sie mehr vom Cyanobakterienerbe beibehalten haben. Vor 700 Millionen Jahren schließlich gingen die Pflanzen aus den Grünalgen hervor; die älteste nachgewiesene Landpflanze ist 475 Millionen Jahre alt.

Ein wichtiger Aspekt der globalen Evolution ist der Sauerstoffgehalt der Atmosphäre. Vor dem Proterozoikum (Beginn vor 2,5 Milliarden Jahren) betrug er weniger als ein Hundertstel des heutigen Wertes. Die heutige sauerstoffreiche Atmosphäre geht auf die Aktivität der Cyanobakterien, später auch der Algen und Pflanzen, zurück. Der Anstieg erfolgte anfänglich sehr langsam: Zunächst reagierten bestimmte eisenhaltige Gesteine der Erdkruste mit dem Sauerstoff und entzogen ihn wieder der Atmosphäre. Erst als diese Sauerstofffalle abgesättigt war, nahm der freie Sauerstoff zu. Im Paläoproterozoikum (vor 2,5 bis 1,8 Milliarden Jahren) gab es dann einen Anstieg der Sauerstoffkonzentration auf rund ein Sechstel des heutigen Wertes. Die komplizierte Maschinerie der eukaryontischen Zelle benötigt viel Energie, und die wird in erster Linie durch Atmung bereitgestellt. Der Anstieg der Sauerstoffkonzentration im Paläoproterozoikum war deshalb vermutlich eine Voraussetzung dafür, dass sich die Eukaryonten entwickeln konnten. ↗ **Sauerstofftransport: Abschnitt 2.3 und 3.3**

Gegen Ende des Proterozoikums gab es dann vor 1000 bis 600

Millionen Jahren einen zweiten Schub, bei dem ungefähr der gegenwärtige Sauerstoffgehalt erreicht wurde. Parallel dazu nahm die Vielfalt der Eukaryonten stark zu. Insbesondere die Evolution komplexer, vielzelliger Tiere wurde offenbar durch den hohen Sauerstoffgehalt der Atmosphäre begünstigt.

Die Tiere und ihre nächsten Verwandten, die Pilze, gehen seit ungefähr 1,2 Milliarden Jahren getrennte Wege. Die ältesten vielzelligen Tiere sind die Schwämme, die es schon vor einer Milliarde Jahren gab. Die übrigen Stämme des Tierreichs wie Weichtiere, Gliederfüßer oder Wirbeltiere verzweigen sich in der Zeit vor 900 bis 600 Millionen Jahren. Seit dem Beginn des Phanerozoikums (vor 543 Millionen Jahren) finden sich die Fossilien solcher großen, vielzelligen Tiere gehäuft.

An der Linie der Wirbeltiere, unserer eigenen näheren Verwandtschaft, sind zudem in Abbildung 3.4 noch weitere Etappen eingezeichnet: Die Amphibien traten vor etwa 400 Millionen Jahren auf, die Reptilien gingen aus ihnen vor ungefähr 340 Millionen Jahren hervor, und noch einmal 100 Millionen Jahre später erschienen die Dinosaurier. Säugetiere gibt es seit ungefähr 170 Millionen Jahren, die Primaten seit 100 Millionen Jahren, und erst vor einem Augenblick (rund 3 Millionen Jahre) traten die ersten Menschen auf den Plan. Auch in der jüngeren Erdgeschichte gab es übrigens noch Veränderungen des Sauerstoffanteils der Atmosphäre, und die Evolution großer Säugetiere war vermutlich mit einem Anstieg des Sauerstoffgehalts in den vergangenen 200 Millionen Jahren verknüpft.

FAZIT: **Alle Zellen enthalten im Inneren das wässrige Cytosol, das von der Zellmembran aus Lipiden umgeben ist. Außerhalb der Zellmembran befinden sich meist noch weitere Schichten, alles zusammen bildet die Zellwand. Der Stofftransport zwischen Zelle und Umgebung wird dabei an der Zellmembran bewerkstelligt. Die Prokary-**

onten sind einfach gebaute einzellige Lebewesen, die keinen Zellkern für ihr Erbgut haben; zu ihnen gehören die Bakterien und die Archäen. Eukaryonten, zum Beispiel Pflanzen, Tiere und Pilze, haben hingegen einen Zellkern, in dem sich das Erbgut befindet. Daneben gibt es weitere Organellen in den Zellen der Eukaryonten: Die Mitochondrien sind die Kraftwerke der Zellen; Algen und Pflanzen enthalten zusätzlich die Chloroplasten, in denen die Photosynthese stattfindet. Die Mitochondrien leiten sich von frei lebenden Proteobakterien ab; die Chloroplasten stammen von frei lebenden Cyanobakterien ab. Die Zunahme der Komplexität in der Evolution der Eukaryonten wurde möglich durch eine Zunahme des Sauerstoffgehaltes der Atmosphäre. Dadurch konnte der besondere eukaryontische Heißhunger auf Energie gestillt werden.

3.2 Die rätselhafteste Substanz des Universums: Wasser

Ich gestehe: Die Formulierung «die rätselhafteste Substanz» ist für Wasser etwas übertrieben; immerhin besteht das Weltall überwiegend aus weit seltsameren Materieformen. Trotzdem ist auch Wasser nicht ohne Reiz, denn es unterscheidet sich durch eine Reihe von Eigenschaften stark von anderen Flüssigkeiten. So ist es ein exzellentes Lösungsmittel für viele verschiedene Stoffe. Es hat auch einen unerwartet hohen Siedepunkt, und gleichzeitig ist das Temperaturintervall zwischen Schmelz- und Siedepunkt sehr groß, also der Bereich, in dem flüssiges Wasser vorkommt. Das ähnlich gebaute Ammoniak (NH_3) etwa schmilzt bei −78 °C und siedet schon bei −33 °C; Schwefelwasserstoff

(H_2S) ist sogar nur zwischen $-86\,°C$ und $-60\,°C$ flüssig. Obendrein ist Eis leichter als Wasser, sodass es bei zufrierenden Gewässern oben schwimmt, während bei anderen Stoffen stets der Feststoff schwerer ist als die flüssige Form.

Durch diese exotischen Eigenschaften ist Wasser die ideale Matrix für das Leben, und so wird auch die Frage nach außerirdischem Leben stets mit dem Vorkommen von Wasser verknüpft. Der Erste, der die physikalisch-chemischen Besonderheiten des Wassers bei seiner Rolle als «Element des Lebens» betont hat, war vermutlich der amerikanische Biochemiker Lawrence Henderson im Jahr 1913. Sehen wir uns also dieses merkwürdige H_2O an, das der häufigste Stoff in unserem Körper ist und obendrein einer der häufigsten Stoffe in der Biosphäre, dessen Verhalten man aber erst seit kurzem versteht.

Ein einzelnes Wassermolekül ist ungefähr ein Ångström groß, das sind 10^{-10} Meter. (Um eine anschauliche Vorstellung davon zu bekommen, zeichnen Sie eine Strecke von einem Millimeter auf ein Blatt Papier und teilen diese in zehn Millionen gleiche Teile.) Ein Wassermolekül als Ganzes ist elektrisch neutral, also ungeladen. Dennoch sind innerhalb des Moleküls die Elektronen zum Sauerstoff verschoben, sodass das Sauerstoffatom negativ geladen ist, während die beiden Wasserstoffatome positive Ladungen tragen (Abbildung 3.5). Dadurch ist ein Wassermolekül ein elektrischer «Dipol» mit einem positiv und einem negativ geladenen Ende, mit denen es sich jeweils um gelöste Teilchen der entgegengesetzten Ladung lagert (kleine Auffrischung des Physikunterrichtes: Gleiche Ladungen stoßen sich ab, entgegengesetzte Ladungen ziehen sich an). Auf diese Weise ist Wasser ein hervorragendes Lösungsmittel für Salze, die aus positiven und negativen Ionen bestehen.

Doch auch untereinander haben die Wassermoleküle starke Wechselwirkungen (Abbildung 3.6). Ein Wasserstoffatom bildet dabei gewissermaßen eine Brücke zwischen zwei Sauerstoffatomen, und diese Bindung heißt deshalb Wasserstoffbrücke oder kurz H-Brücke. Jedes Molekül kann dabei zwei eigene Wasserstoffatome zur Verfügung stellen und zusätzlich zwei fremde andocken lassen, sodass es maximal an vier H-Brücken beteiligt sein kann. Eiskristalle sind ausgedehnte dreidimensionale Netze, in denen tatsächlich jedes Molekül an vier H-Brücken teilnimmt. In flüssigem Wasser hingegen sind nicht alle Bindungsmöglichkeiten abgesättigt, und die Wassermoleküle sind nur durch eine oder zwei H-Brücken an ihre Nachbarn gebunden. Deshalb gibt es in flüssigem Wasser auch kein durchgängiges Netz, sondern die Wassermoleküle bilden eine Vielzahl von Clustern aus zwei bis rund hundert Molekülen. In Abbildung 3.6 rechts ist ein solcher Cluster aus fünf Wassermolekülen dargestellt. Diese Cluster sind sehr kurzlebig, die Moleküle lagern sich andauernd um,

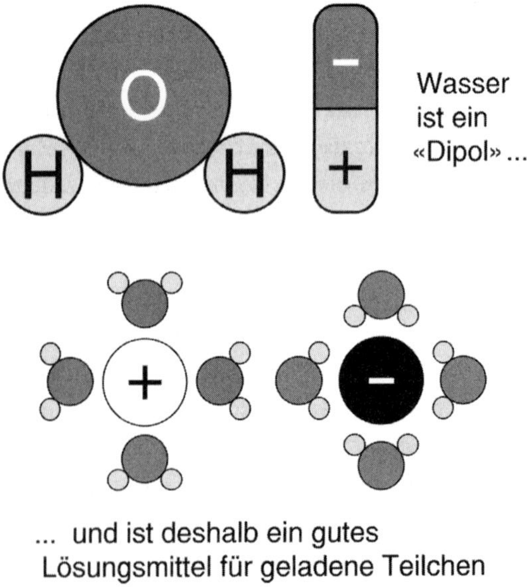

Abbildung 3.5: Eigenschaften des Wassermoleküls

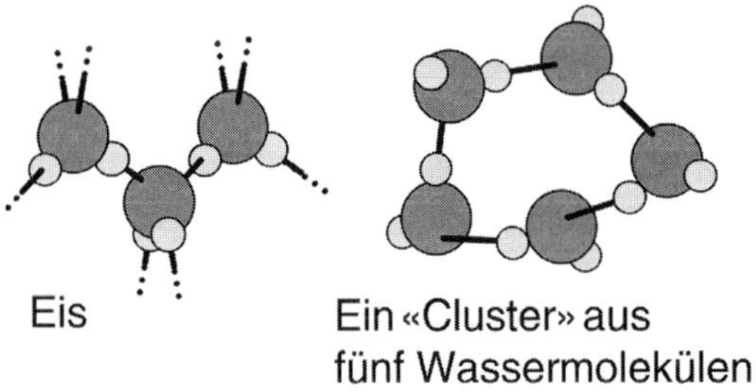

Abbildung 3.6: Wassermoleküle unter sich

lösen H-Brücken und bilden neue, und das alles in weniger als einer milliardstel Sekunde. Echte chemische Bindungen, die die Atome innerhalb von Molekülen zusammenhalten, sind zwar zehn- bis hundertfach stärker als H-Brücken, doch diese sind wiederum rund zehnmal stärker als die unspezifischen schwachen Anziehungskräfte, die grundsätzlich zwischen *allen* Molekülen wirken. Dieses Zusammenkleben der Wassermoleküle durch H-Brücken ist auch der Grund für seinen hohen Siedepunkt.

Durch seine Dipolnatur kann das Wasser also geladene Stoffe gut lösen. Daneben löst es ebenso gut viele andere Stoffe, die zwar ungeladen sind, aber ebenfalls H-Brücken bilden können. Ein Beispiel ist der Zucker, der das kann und deshalb enorm gut wasserlöslich ist (was die Hersteller von Limonaden und Likören schamlos ausnutzen). Alle solchen Stoffe, geladene wie ungeladene, heißen *hydrophil*, also «wasserliebend».

Ihr Gegenstück sind die *hydrophoben* Substanzen, die das Wasser «fürchten». Öl und Wasser stoßen sich ab – das weiß doch jedes Kind. Leider falsch: Auch zwischen Öl- und Wassermolekülen wirken die schwachen Anziehungskräfte, die zwischen allen Molekülen existieren. Dennoch kommt es zur Trennung von Öl und Wasser, egal wie heftig man vorher umrührt (geschüttelt oder gerührt – hier jedenfalls spielt es keine Rolle). Öl und ande-

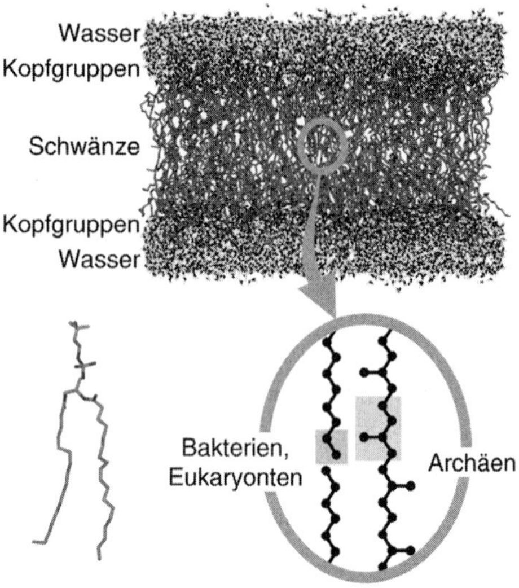

Abbildung 3.7: Die biologische Membran, ein Sandwich aus Wasser und Lipiden

re hydrophobe Stoffe können nämlich keine H-Brücken bilden. Dadurch sind die Wassermoleküle gezwungen, einen Käfig um ein Ölmolekül in ihrer Mitte zu bilden, und dieser Fremdkörper verringert die Beweglichkeit der Wassermoleküle. Die bleiben deshalb lieber unter sich und werfen die störenden hydrophoben Eindringlinge förmlich hinaus. Die Deutung dieses Effektes war lange umstritten, aber inzwischen ist klar, dass die Entropie die Schlüsselrolle spielt: Wird die Beweglichkeit des Wassers durch hydrophobe Stoffe eingeschränkt, so *erniedrigt sich seine Entropie*, und das ist ungünstig. ↗ **Entropie: Abschnitt 2.2**

Dieser Effekt hat wichtige Folgen für biologische Strukturen, die oft entropiegetrieben entstehen (unter anderem deshalb ist die simple Gleichsetzung von Entropie mit «Unordnung» verkehrt). Besonders interessante Dinge passieren, wenn in einem Molekül gleichzeitig hydrophile und hydrophobe Bereiche vorkommen. Ein Beispiel sind wasserlösliche Proteine: Sie falten sich so, dass hydrophile Bereiche an der Oberfläche liegen (also dem Wasser zugewandt), während sich im Innern des Proteins ein hydrophober Kern bildet. ↗ Proteinfaltung: Abschnitt 3.3

Auch die Lipide der biologischen Membranen sind Zwittermoleküle aus hydrophilen Köpfen und hydrophoben Schwänzen. Die Dicke einer solchen Membran beträgt ungefähr fünf milliardstel Meter. Die einzelnen Lipide lagern sich so zusammen, dass alle Köpfe nach außen zum Wasser zeigen, während die wasserabweisenden Schwänze das Innere der Membran bilden. Abbildung 3.7 zeigt, wie sich auf diese Weise zwei Lipidschichten spiegelbildlich zum Sandwich anordnen; unten links ist ein einzelnes Lipid zu sehen. Man spricht deshalb auch von der Lipid-Doppelschicht der biologischen Membranen. Eigentlich gilt das aber nur für Bakterien und Eukaryonten. ↗ Bakterien, Archäen und Eukaryonten: Abschnitt 3.1; Zellmembran: Kapitel 4 In Abschnitt 3.1 wurde erwähnt, dass Archäen eine ganz andere Biochemie für ihre Membranen verwenden. Das physikalische Prinzip ist dasselbe, aber Archäenlipide durchspannen die Membran in ihrer ganzen Länge und haben auf *beiden Seiten* Köpfe. Und sie werden anders gebildet: Bei Bakterien und Eukaryonten bestehen die hydrophoben Schwänze aus Bausteinen mit je zwei Kohlenstoffatomen (es handelt sich um Essigsäure). Archäen hingegen bilden ihre Membranlipide aus einem verzweigten Baustein mit fünf Kohlenstoffatomen. Dieses Molekül, das Isopren, ist übrigens auch der Baustein von Latex und von vielen ätherischen Ölen aus dem Pflanzenreich.

FAZIT: **Wasser hat viele bemerkenswerte Eigenschaften, die auch für seine Rolle als «Element des Lebens» wichtig sind. Dazu gehört zum Beispiel die Fähigkeit, verschiedenste Stoffe zu lösen. Wassermoleküle können untereinander oder auch mit vielen anderen Stoffen so genannte Was-**

serstoffbrücken bilden, die ziemlich stabil und deshalb energetisch ausgesprochen günstig sind. Fettartige Stoffe, die das Netz der Wasserstoffbrücken stören, werden aus dem Wasser hinausgedrängt. Viele Aggregate aus Biomolekülen werden durch diesen Effekt geformt, das wichtigste Beispiel sind die Lipidmembranen, die alle Zellen umgeben.

3.3 Willkommen im LEGO-Land

Die wunderbare Welt von Lego basiert auf den vielseitig einsetzbaren bunten Klötzchen, mit denen sich in endlosen Variationen von der Ritterburg bis zur Raumstation so ziemlich alles erschaffen lässt, was Kindern (oder Erwachsenen) überhaupt nur einfällt. Auch die Natur macht von diesem Prinzip der «modularen Konstruktion» mit vorgefertigten Teilen reichlich Gebrauch. Einem Beispiel sind wir im vorigen Abschnitt begegnet: Biologische Membranen setzen sich aus unzähligen einzelnen Lipiden zusammen. In Abschnitt 2.2 tauchte ein anderes Beispiel auf, die Nukleotide (wie etwa ATP), welche Bausteine aus Zucker, Phosphat und Base sind. Sie werden im Erbgut, also der DNA und RNA, aneinandergehängt, sodass sich eine fortlaufende Kette

– Zucker – Phosphat – Zucker – Phosphat –

ergibt, wobei an den Zuckermolekülen jeweils noch die Basen als die eigentlichen Informationsträger hängen. ↗ **Nukleotide: Abschnitt 2.2.**

Auch die Proteine (also Eiweiße) werden nach diesem Prinzip aufgebaut, sie bestehen aus Aminosäuren. Jede einzelne Aminosäure setzt sich ihrerseits aus rund zehn bis 25 Atomen zusammen; es gibt insgesamt 20 verschiedene Sorten. Sie unterscheiden sich durch Größe und Form, durch ihre Ladung und auch dadurch, dass manche hydrophil sind, andere hydrophob. Da ein Protein aus einigen hundert Aminosäuren besteht, sind Proteine sehr komplizierte Gebilde aus Tausenden von Atomen. Das Baukastenprinzip ermöglicht eine enorme Vielfalt, und die Zahl der Kombinationsmöglichkeiten ist astronomisch hoch: Schon für ein kleines Protein von hundert Aminosäuren Länge gibt es $20 \times 20 \times 20 \ldots = 20^{100} = 10^{130}$ denkbare Zusammensetzungen.

Ein beliebtes Bild für Proteine ist das einer Perlenschnur, auf die Perlen in zwanzig verschiedenen Farben und Formen aufgefädelt sind. Allerdings kommen Proteine nicht als lang gestreckte Fäden aus säuberlich aufgereihten Aminosäuren daher. Die biologisch aktive Form ist stets ein kompliziert gefaltetes Knäuel, das seine Form durch Wechselwirkungen zwischen den Aminosäuren erhält. Abbildung 3.8 zeigt das schematisch: Beispielsweise geht Aminosäure Nummer 2 eine Wechselwirkung mit Nummer 5 ein, ebenso Nummer 15 mit 18. Es gibt verschiedene Formen solcher Verstrebungen in Proteinen. So könnten Nummer 2 und 5 zum Beispiel eine H-Brücke ausbilden (ja, das gibt

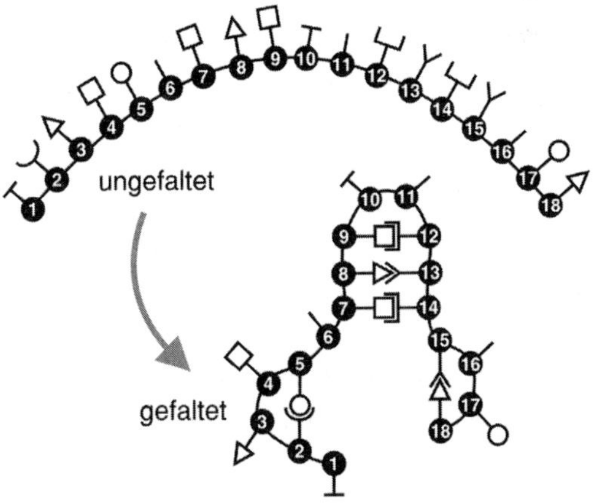

Abbildung 3.8: Schematische Darstellung der Faltung von Proteinen

es auch in Proteinen), oder sie könnten sich anziehen, weil eine positiv geladen ist und die andere negativ. ↗ **Wasserstoffbrücken: Abschnitt 3.2**

Man kann an dieser Skizze aber auch ein Problem erkennen: Woher wissen die Aminosäuren eigentlich, *wie* sie sich anzuordnen haben? Nummer 15 könnte statt mit 18 auch mit 8 oder 3 wechselwirken; Nummer 2 statt mit 5 auch mit 17 und so fort. Und das «Protein» in der Abbildung ist mit seinen gerade mal 18 Aminosäuren ein Winzling, ein echtes Protein wäre viel länger. Damit gibt es auch Zilliarden von denkbaren Faltungsmöglichkeiten. So könnte *jede* positiv geladene Aminosäure im Prinzip mit *jeder* negativ geladenen ein Paar bilden. Nehmen wir an, in einem Protein gibt es jeweils 25 positiv und negativ geladene Aminosäuren. Für das erste Paar gibt es dann 25×25 Auswahlmöglichkeiten, für das zweite Paar 24×24 und so weiter. Am Ende landet man bei $2{,}4 \times 10^{50}$ denkbaren Faltungen. Selbst wenn das Protein pro Sekunde eine Million Anordnungen zufällig durchprobiert (eine sehr optimistische Annahme), würde das gesamte Alter des Universums nicht ausreichen, um die richtige, biologisch aktive Form zu finden!

Doch irgendwie finden Proteine ihre richtige Form, und zwar in Sekunden bis Minuten, so viel steht fest. Das Proteinfaltungsproblem war lange Zeit eines der haarigsten der gesamten Biochemie, aber inzwischen ist die Lösung des Rätsels erkennbar. Kehren wir zu zwei Grundbegriffen aus Kapitel 2 zurück, Thermodynamik und Kinetik, dann sind zwei Möglichkeiten denkbar:

1. Die Thermodynamik hat das Sagen: Das Protein faltet sich in die energieärmste, also *stabilste* Form.
2. Die Kinetik hat das Sagen: Das fertige Protein hat die Struktur, die sich *am schnellsten* bildet.

↗ **Thermodynamik versus Kinetik: Abschnitt 2.4**

Tatsächlich wirken beide Mechanismen zusammen: Bereits

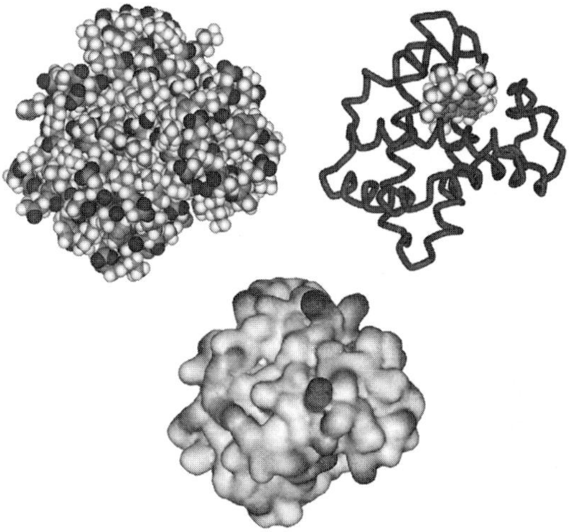

Abbildung 3.9: Der rote Muskelfarbstoff Myoglobin in drei verschiedenen Darstellungen

während das Protein entsteht und Aminosäure um Aminosäure wächst, falten sich die schon fertigen Abschnitte zu *lokalen Strukturen*. In dem Modellprotein aus Abbildung 3.8 wäre etwa die Schleife aus Nummer 2 bis 5 eine solche lokale Struktur, ebenso die Schleifen aus den Aminosäuren 7 bis 14 und 15 bis 18. Diese Strukturelemente sind stabil (Thermodynamik), und sie sind obendrein klein und übersichtlich genug, um sich schnell zu bilden (Kinetik). Auf diese Weise muss niemals die irrwitzig hohe Zahl von *insgesamt* denkbaren Faltungen *für das ganze* Protein durchprobiert werden.

Die hohe Konzentration von Eiweißen und anderen Molekülen in der Zelle (siehe Abschnitt 2.3) hilft übrigens bei der Faltung: Die anderen Moleküle bilden einen Käfig um das entstehende Protein, der die Beweglichkeit der Proteinkette einschränkt. So in diesen Käfig eingezwängt, findet das Protein schneller die richtigen lokalen Strukturen. ↗ Cytosol: Abschnitt 2.3 Obendrein gibt es spezielle Proteine, die falsch gefaltete Moleküle erkennen und anderen Eiweißen bei der korrekten Faltung helfen. Sie heißen «Chaperone», nach dem englischen Wort für *Anstandsdame*. Und weil die korrekte Proteinfaltung entscheidend für das Funktionieren der Zelle ist, gibt es noch weitere Schritte bei der Qualitätskontrolle. So werden viele falsch gefaltete Proteine markiert und anschließend entsorgt.

Trotzdem versagen manchmal alle Sicherheitssysteme, und es kommt zu Fehlfaltungen; dadurch entsteht eine ganze Reihe von Krankheiten, etwa manche Formen von Krebs. Bei der Erbkrankheit Mucoviscidose bewirkt eine Mutation, dass das betreffende Protein nicht mehr die korrekte Struktur ausbilden kann. Und bei manchen neurodegenerativen Erkrankungen wie Alzheimer, Creutzfeldt-Jakob oder Parkinson werden Gehirnzellen durch Ablagerungen aus falsch gefalteten Eiweißen geschädigt.

Diese Einsichten sind nicht nur von akademischem Interesse, sondern können in der Zukunft zu Therapien für einige solcher

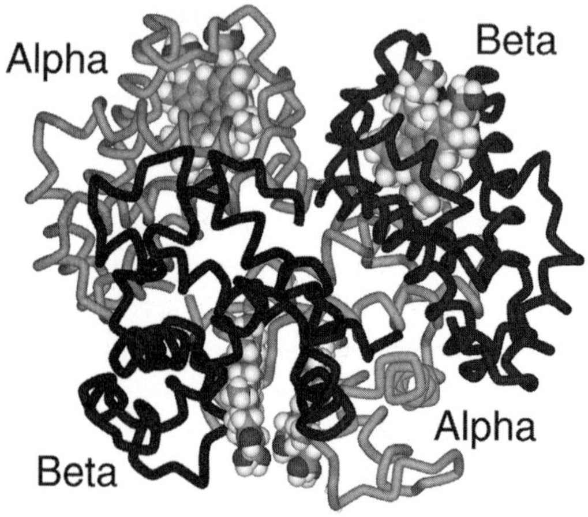

Abbildung 3.10: Der rote Blutfarbstoff Hämoglobin

Krankheiten führen. Die Grundidee ist im Begriff *chemische Chaperone* zusammengefasst: Mehrere Forschergruppen arbeiten an Stoffen, die falsch gefaltete Proteine in Form bringen und – im Gegensatz zu echten Chaperonen – als Medikament verabreicht werden können. Eine ähnliche Strategie besteht darin, durch Medikamente zumindest das Verklumpen der Eiweiße zu verhindern, wenn man schon die falsche Faltung nicht beheben kann.

Es wird Zeit, sich einmal ein konkretes Eiweiß näher anzusehen. Abbildung 3.9 zeigt den roten Muskelfarbstoff Myoglobin, vermutlich das besterforschte Protein überhaupt und jedenfalls das erste, dessen Struktur ermittelt wurde (Röntgenstrukturanalyse durch John Kendrew, siehe Kapitel 1). Links oben sind die einzelnen Atome gezeigt. Myoglobin besteht aus 153 Aminosäuren mit mehr als 2300 Atomen. Etwas übersichtlicher ist allerdings die Darstellung rechts oben: Das Rückgrat der Proteinkette ist als Wurst dargestellt; man kann sehr gut sehen, wie sie sich faltet und windet. Dabei sind mehrere Bereiche der Kette spiralförmig verdrillt, solche Strukturen heißen «Helix» und kommen oft vor. Insbesondere bei Proteinen in Membranen finden sie sich häufig, man kann sie im Verlauf des Buches noch mehrmals bewundern (in den Abbildungen 4.2, 5.2, 6.2, 6.5, 7.4, 8.1, 8.2 und 9.2).

Ein Molekülteil ist rechts in Abbildung 3.9 allerdings mit allen Atomen gezeigt. Dabei handelt es sich um ein kleines Molekül namens Häm, das Sauerstoff bindet und dem Myoglobin die rote Farbe verleiht; der Eiweißanteil selber ist farblos. (Diesem Häm sind wir in Kapitel 2.3 schon als Bestandteil von Hämoglobin begegnet; die Ähnlichkeit von Myoglobin und Hämoglobin ist kein Zufall, wie bald klar wird.) ↗ **Häm: Abschnitt 5.1** Die dritte Darstellung unten schließlich zeigt, wie andere Moleküle, zum Beispiel das umgebende Wasser, das Myoglobin «sehen»: Ungeladene Bereiche der Proteinoberfläche sind hell markiert, elektrisch geladene dunkel.

Das Prinzip des modularen Aufbaus setzt sich auf höheren

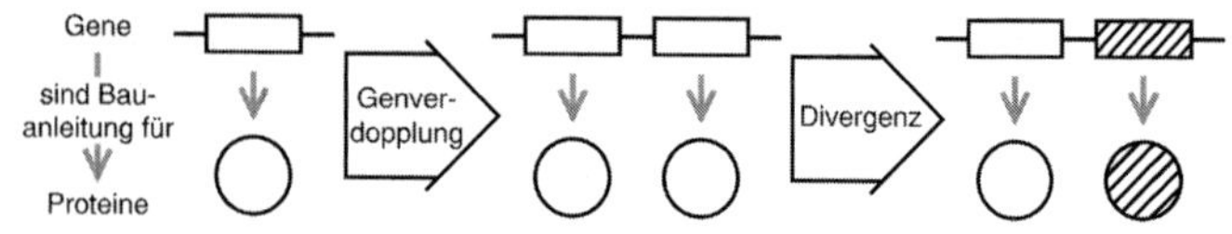

Abbildung 3.11: Copy and paste im Reich der Gene – neue Proteine aus alten Genen

Ebenen fort: Mehrere Proteine können sich zu größeren Einheiten zusammenlagern, so genannten Proteinkomplexen. Die individuellen Eiweißmoleküle werden dabei als Untereinheiten bezeichnet. Ein Beispiel ist das Hämoglobin (Abbildung 3.10), sozusagen der große Bruder des Myoglobins. Hämoglobin besteht aus vier individuellen Eiweißketten, von denen jede ein eigenes Häm enthält; es kann deshalb auch vier Sauerstoffmoleküle binden. Die vier Ketten sind nicht identisch; es gibt jeweils zwei Ketten von Alpha- und Beta-Hämoglobin (hell beziehungsweise dunkel dargestellt). In diesem Fall sind es nur vier Untereinheiten mit insgesamt fast 9000 Atomen, aber es können auch Dutzende Untereinheiten in einem Komplex zusammenkommen.

Und dann sind da auch noch die «Superkomplexe», die aus einigen oder sogar Dutzenden einzelnen Komplexen bestehen. Gerade bei den beiden zentralen Vorgängen der Energiegewinnung, Atmung und Photosynthese, macht die Natur von solchen Monstergebilden reichlich Gebrauch. ↗ **Atmung: Kapitel 5; Photosynthese: Kapitel 6**

FAZIT: **Die Arbeitspferde der Zellen, die Eiweiße, werden auf mehreren Ebenen aus kleineren Einheiten aufgebaut: Aminosäuren → individuelle Proteine → Proteinkomplexe → Superkomplexe. Das einzelne Eiweiß wird beim Ablesen des entsprechenden Gens zunächst als Aminosäurekette gebildet, faltet sich aber anschließend zu einem Knäuel. Die korrekte Faltung ist für die Funktion der**

Proteine unerlässlich, und deshalb gibt es auch spezielle Faltungshelfer, die Chaperone. Fehlgefaltete Proteine sind Auslöser verschiedener Krankheiten wie Mucoviscidose, Parkinson oder Alzheimer.

3.4 Die Methode «copy and paste»

Neben dem Bauen mit Modulen hat die Evolution noch einen weiteren wichtigen Trick auf Lager, die Genverdoppelung (Abbildung 3.11). Dabei wird ein Gen zufällig kopiert, wobei anfänglich beide Kopien beim Ablesen der genetischen Information noch *dasselbe* Protein ergeben. Das zusätzliche Gen ist aber Spielmaterial für die Evolution, weil *ein* Exemplar des Gens für das betreffende Eiweiß ausreicht. Deshalb kann es im Laufe der Zeit zur *Divergenz* kommen: Das neue Gen entfernt sich durch Mutationen immer weiter von seinem Zwilling, und so kann ein neues Eiweiß mit neuartigen Eigenschaften entstehen.

Dieses Phänomen kann man gut an Myoglobin und Hämoglobin verfolgen. Sie gehören zu einer ganzen Proteinfamilie, den Globinen, die es überall bei Bakterien, Archäen und Eukaryonten gibt. Das Urglobin der Tiere lässt sich eine Milliarde Jahre zurückverfolgen; Hämoglobin und Myoglobin haben sich vor rund 600 Millionen Jahren aufgespalten. Durch eine weitere Genverdoppelung haben sich dann vor 500 Millionen Jahren die separaten Alpha- und Beta-Ketten beim Hämoglobin entwickelt. Vor ungefähr 200 Millionen Jahren, als wir Säugetiere entstanden, kam es zu einer zusätzlichen Aufspaltung. Dabei sind die Sonderformen des Hämoglobins entstanden, die nur der Fötus während der Schwangerschaft verwendet. Dieses fötale Hämoglobin bindet den Sauerstoff besonders stark und zweigt auf diese Weise möglichst viel davon aus dem Blutkreislauf der Mutter ab. Direkt nach der Geburt wird auf das normale Hämoglobin umgeschaltet. Deshalb können sich die Abbauprodukte des fötalen Hämoglobins ansammeln, was zur Neugeborenengelbsucht führt. ↗ Sauerstofftransport bei vielzelligen Tieren: Abschnitt 2.3 und 3.1

Ein raffinierter Einsatz eines speziellen Hämoglobins hat sich auch bei manchen Fischen entwickelt. Viele Arten, etwa Heringe, müssen nämlich an der Wasseroberfläche Luft schnappen, um ihre Schwimmblase zu füllen. Andere Fische wie Hechte, Dorsche und Makrelen verwenden jedoch Hämoglobin, um Sauerstoff direkt aus dem Blut in die Schwimmblase zu pumpen, wodurch sie völlig neue Lebensräume besiedeln konnten, insbesondere die Tiefen der Ozeane. Wie so viele andere gute Tricks, wurde auch dieser in der Evolution mehrfach entdeckt: Einige tauchende Insekten regeln ihren Auftrieb (mit Hilfe einer Luftblase) ebenfalls durch Sauerstoff aus ihrem Hämoglobin. Noch seltsamer sind allerdings die Riesenhämoglobine aus 24 einzelnen Globinmolekülen, die bei manchen Würmern vorkommen und die außer Sauerstoff auch Schwefelwasserstoff transportieren – die Würmer leben von diesem hochgiftigen, übel riechenden Zeug.

Erst vor kurzem hat man bei Tieren überraschenderweise noch zwei neue Mitglieder der Globinfamilie gefunden, *Neuroglobin* und *Cytoglobin*. Ihre Funktion ist noch recht unklar. Doch vor Überraschungen ist man in der Wissenschaft ohnehin nie sicher: Auch Myoglobin, immerhin das besterforschte Protein von allen, ist nicht das, was es zu sein schien. Es hat verschiedene Funktionen im Stoffwechsel, und seine «eigentliche» Rolle als Sauerstoffspeicher im Muskel ist keineswegs so lebensnotwendig, wie man immer dachte. Immerhin gibt es seit einigen Jahren Mäusestämme, die ganz ohne Myoglobin gesund und munter sind.

Bei einer Genverdoppelung müssen aber nicht nur einzelne Gene betroffen sein, es können auch große Blöcke oder gar das gesamte Erbgut verdoppelt werden. Auch in der Evolution der

Tiere sind mehrere derartige Episoden rekonstruiert worden. Besonders weitreichende Konsequenzen hat es, wenn Kontrollgene verdoppelt werden, die die Embryonalentwicklung steuern. Durch Verdoppelung und Divergenz solcher Gene ist die große Vielfalt von unterschiedlichen Bauplänen bei den Tieren mit vergleichsweise geringem Aufwand entstanden.

Auch die Entgiftungsenzyme in unserer Leber gehören zu einer ganzen Proteinfamilie, die sich bis zu den Ursprüngen der Eukaryonten zurückverfolgen lässt und die durch Verdoppelungen immer mehr Mitglieder bekommen hat, damit diese Enzyme möglichst viele verschiedene Substrate abbauen können. ↗ **Stoffumwandlung in der Leber: Abschnitt 2.1**

Auf Genverdoppelungen beruht auch das Farbensehen. Mit anfänglich nur einem Lichtrezeptor war lediglich Hell-dunkel-Sehen möglich, also schwarz-weiß. Daraus sind mehrere Lichtrezeptoren mit unterschiedlicher Empfindlichkeit für verschiedene Farben geworden, wodurch farbige Bilder von der Außenwelt möglich wurden. ↗ **Sehvorgang: Abschnitt 6.3 und Kapitel 8** Gerade das Auge bietet noch ein weiteres Beispiel dafür, was die Evolution mit Hilfe der Genverdoppelung zaubern kann: Das Eiweiß alpha-Crystallin, das den wichtigsten Baustoff der Linse bildet, erwies sich als modifizierter Ableger einer Proteingruppe, die man überall bei den Lebewesen gefunden hat: die Chaperone!

FAZIT: **Durch Zufall werden manchmal einzelne Gene oder sogar größere Bereiche des Erbgutes verdoppelt. Dadurch entsteht Spielmaterial für die Evolution, mit dessen Hilfe neue Proteine «aus dem Nichts» auftauchen können, wobei sich häufig ganze Familien von verwandten Eiweißen entwickeln. Ein Beispiel dafür sind die roten Farbstoffe des Blutes und der Muskeln, die zur Familie der Globine gehören.**

Teil II – Ein Rundgang durch den Maschinenraum

4 Der kleine und der große Grenzverkehr

Der Türhüter erkennt, daß der Mann schon an seinem Ende ist, und, um sein vergehendes Gehör noch zu erreichen, brüllt er ihn an: «Hier konnte niemand sonst Einlaß erhalten, denn dieser Eingang war nur für dich bestimmt. Ich gehe jetzt und schließe ihn.» Franz Kafka, *Vor dem Gesetz*

Zimmerpflanzen muss man regelmäßig gießen, sonst verdursten sie, das ist keine spektakuläre neue Erkenntnis. Wenn man es allerdings beim Gießen zu gut mit den Pflanzen meint, dann sind die Resultate auch nicht optimal, denn dann … verdursten sie ebenfalls! Dieser paradoxe Befund, dass Pflanzen bei zu starker Bodenfeuchtigkeit unter Wassermangel leiden, ist erst seit wenigen Jahren in allen Einzelheiten verstanden. Wasser kann nämlich nicht ohne weiteres in die Wurzeln gelangen, es passiert spezielle Poren, die von einem Eiweiß mit dem vielsagenden Namen Aquaporin gebildet werden. In einem zu feuchten und damit schlecht belüfteten Boden kommt nun ein fataler biochemischer Mechanismus in Gang, der das Aquaporin dicht macht.

Wasser ist kein Einzelfall, denn die meisten Stoffe können die Zellmembran nicht «einfach so» passieren, sondern werden mit Hilfe spezieller Eiweiße transportiert. ↗ **Zellmembran: Abschnitt 3.2** Und weil die Zellmembran die entscheidende Barriere zwischen Zelle und Umgebung ist, hat Membrantransport eine fundamentale Bedeutung für die Lebensvorgänge. Nun ja, die Membranvorgänge sind noch aus einem weiteren Grund von extremer biologischer Relevanz: Zufällig hat der Autor dieser Zeilen etliche Jahre auf diesem Gebiet gearbeitet, und – da können Sie jeden

Wissenschaftler fragen – das eigene Arbeitsgebiet ist immer ganz besonders wichtig …

Was wird denn so transportiert? Nährstoffe müssen in die Zelle eingeschleust und Abfälle nach draußen befördert werden. Auch Eiweiße, die außerhalb der Zellmembran benötigt werden (etwa, um die äußeren Schichten der Zellwand aufzubauen), werden zunächst in der Zelle gebildet und müssen dann ausgeschleust werden. ↗ **Zellwand: Abschnitt 3.1** Ebenso wird die Kommunikation der Zellen mit ihrer Umgebung, das Empfangen und Aussenden von Signalen, durch Membranprozesse vermittelt.

Wichtig ist auch die Regulation des Salzhaushaltes. Praktisch alle Zellen pumpen Natriumionen nach außen, haben also innen eine geringe Natriumkonzentration. Das gilt auch für unseren Körper: Im Blutplasma ist Natrium ungefähr zehnmal höher konzentriert als in den Zellen. Kaliumionen ähneln Natriumionen zwar, beide sind einfach positiv geladen, aber ihre Rolle ist genau entgegengesetzt: Kalium wird aktiv in die Zellen *hineingepumpt*, sodass es dort rund zwanzigmal höher konzentriert ist als außen. Diese Zahlen beziehen sich auf die Verhältnisse bei Tieren, aber das Prinzip *Natrium raus, Kalium rein* gilt für alle Zellen. Ein weiteres Ion, das ebenfalls aus den Zellen der Tiere gepumpt wird, ist das zweifach positiv geladene Calcium. Dieses Prinzip *Calcium raus* ermöglicht es den Tieren, für verschiedene Zwecke außerhalb der Zellen Ablagerungen aus Calciummineralien zu bilden: Die Schalen von Muscheln und Schnecken etwa bestehen aus Kalk (Calciumcarbonat), die Knochen und Zähne der Wirbeltiere sind aus Apatit (Calciumphosphat). Flüsse von Natrium-, Kalium- und Calciumionen spielen auch für die Arbeit von Nerven- und Muskelzellen eine entscheidende Rolle. Diese Zellen sind zwar hochspezialisiert und kommen nur bei Tieren vor, sie nutzen aber für ihre besonderen Funktionen grundlegende Mechanismen, die bei allen Eukaryonten existieren. ↗ **Nervenzellen: Kapitel 8 und 9**

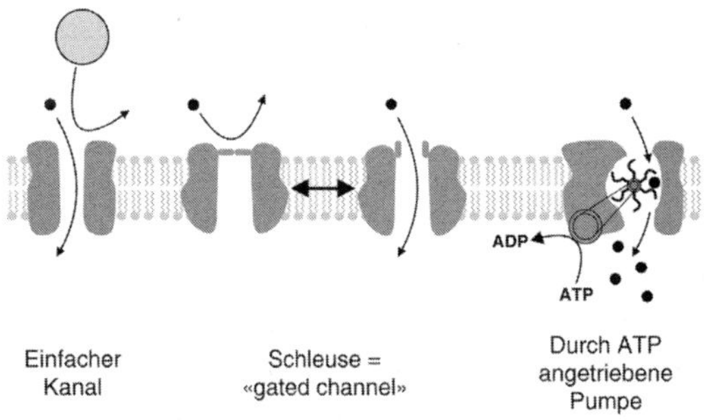

Abbildung 4.1: Einige Varianten zum Stofftransport an Membranen

Bei den kompliziert gebauten Zellen der Eukaryonten gibt es aber nicht nur die Zellmembran, sondern auch die verschiedenen Membranen der Organellen, und auch dort spielen sich wichtige Transportvorgänge ab. ↗ **Eukaryontenzellen: Abschnitt 3.1** So muss einerseits genetische Information aus dem Zellkern herausgelangen, um im Cytosol in Eiweißmoleküle umgesetzt zu werden. Andererseits müssen Signale aus dem Cytosol in den Zellkern gelangen, um dort die Aktivität der Gene zu steuern. Auch bei der Atmung in den Mitochondrien und bei der Photosynthese in den Chloroplasten spielt sich Entscheidendes an Membranen ab – das wird uns noch ausführlicher beschäftigen. ↗ **Mitochondrien und Chloroplasten: Abschnitt 3.1; Atmung: Kapitel 5; Photosynthese: Kapitel 6**

Der Stofftransport in die Zelle ist in Abbildung 4.1 schematisch gezeigt. Im einfachsten Fall passiert ein Stoff einen Kanal oder eine Pore. Dabei findet eine Auswahl der Teilchen nach Kriterien wie Größe, Form und elektrischer Ladung statt (Abbildung 4.1 links). Die Proteinfamilie der Porine, die solche Löcher in der Membran bilden, haben wir schon kennengelernt. Allerdings ist das erwähnte Aquaporin nicht immer offen, es kann durch bestimmte

Signale geschlossen werden. Und das trifft für die meisten Kanäle in der Membran zu; sie können zwischen einer offenen und einer geschlossenen Form wechseln, wobei viele verschiedene Einflüsse das Umschalten bewirken können (Abbildung 4.1 Mitte). So kennt man Kanäle, die auf bestimmte Signalstoffe, auf die Salzkonzentration, auf elektrische Spannung, Temperatur oder mechanische Einflüsse wie den Druck reagieren. Der Fachausdruck für solche Kanäle mit einem Türchen lautet *gated channel*.

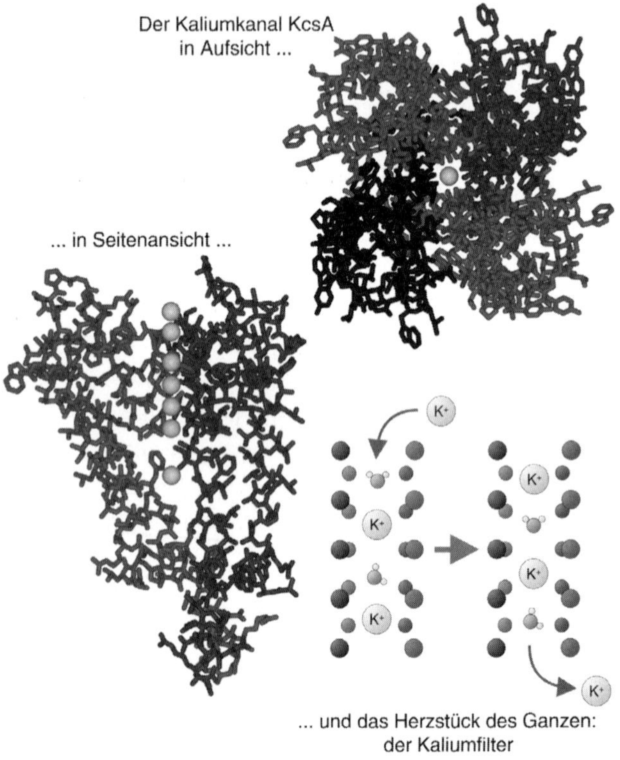

Abbildung 4.2: Der bestuntersuchte Ionenkanal der Welt

Ein besonders gut untersuchter derartiger Kanal ist KcsA, ein Kaliumkanal aus Bakterien (Abbildung 4.2). New York ist eine Hochburg der KcsA-Forschung; die Arbeitsgruppen von Benoit Roux am Weil Medical College der Cornell University und von Roderick MacKinnon am Howard Hughes Medical Institute der Rockefeller University haben sich dort in den letzten Jahren ein Kopf-an-Kopf-Rennen um die Aufklärung der Struktur dieses Proteins geliefert. MacKinnon erhielt 2003 den Nobelpreis; Abbildung 4.2 basiert auf Daten seiner Gruppe. KcsA besteht aus vier identischen Untereinheiten, die in der Aufsicht gut zu erkennen sind, und ein Kaliumion (K^+) thront in der Mitte des Ganzen. In der Seitenansicht sind zwei der vier Untereinheiten weggelassen; man kann sehen, wie sich eine ordentliche Schlange aus mehreren Kaliumionen durch den Kanal fädelt.

Die Leitfähigkeit für Kalium ist enorm; pro Sekunde können 100 Millionen Ionen den Kanal passieren. Gleichzeitig ist KcsA auch extrem selektiv; es bevorzugt Kalium gegenüber dem ähnlichen Natrium im Verhältnis 10 000 : 1. Durch diese Kombination aus hoher Geschwindigkeit und hoher Selektivität erweist sich KcsA als ein Spitzenprodukt aus der Werkstatt der Evolution. Das Herzstück ist dabei der Kaliumfilter, der unten rechts in Abbildung 4.2 gezeigt ist. Es handelt sich um einen Käfig aus 20 Sauerstoffatomen, je fünf stammen von jeder der vier Untereinheiten. Die Sauerstoffatome sind so angeordnet, dass sie Bindungsplätze bilden, die Kaliumionen aufnehmen können oder auch, wie gezeigt, Wassermoleküle. Die Anordnung von je acht Sauerstoffatomen um ein Kaliumion (vier oben und vier unten) ahmt dabei die Situation in Wasser nach, wo das Kalium genauso von Sauerstoffatomen umgeben ist. ↗ **Ionen in Wasser: Abschnitt 3.2**
Natriumionen hingegen bevorzugen eine andere Anordnung von Sauerstoffatomen und fühlen sich deshalb in KcsA gar nicht wohl. Nach dem «Knock-on-Mechanismus» flutscht an der einen Seite des Filters ein Ion heraus, wenn am anderen Ende eines an-

klopft. Dieser Mechanismus wurde bereits 1955 postuliert, aber erst die präzisen Strukturdaten der vergangenen Jahre untermauern das Konzept. Die gezeigte Struktur von KcsA entspricht übrigens dem geschlossenen Zustand, aber man weiß, dass Eiweiß-Bewegungen im unteren Teil den Kanal öffnen.

Die einfachen, immer offenen Kanäle und die raffinierten mit einer verschließbaren Tür haben aber eines gemeinsam: Der Transport von Stoffen durch solche Kanäle erfolgt durch Diffusion, und die Teilchen folgen dabei einfach dem Konzentrationsgefälle. ↗ **Diffusion: Abschnitt 2.1 und 2.3** So ist beispielsweise Kalium im Innern der Zelle häufig, außerhalb aber selten, sodass die Richtung des Kaliumstroms durch KcsA innen → außen ist. Kanäle *beschleunigen* solche Vorgänge, indem sie die Passage durch die Membran erleichtern, *sie beeinflussen aber nicht die endgültigen Konzentrationsverhältnisse*. Wenn die Konzentration eines Stoffes innen und außen gleich hoch ist, dann gibt es netto keinen Transport mehr. Das entspricht der Wirkung von Enzymen, die eine chemische Umwandlung zwar beschleunigen, die aber nicht die Energieverhältnisse von Ausgangs- und Endzustand beeinflussen können. ↗ **Enzyme: Abschnitt 2.4**

Passiver Stofftransport durch Diffusion reicht aber oft nicht aus: Natrium wird ja aktiv aus den Zellen herausgepumpt, und Kalium wird aktiv angereichert. Solche Transportvorgänge *entgegen* dem Konzentrationsgefälle erfordern Energie. Deshalb gibt es neben diversen Kanälen in der Zellmembran auch viele Pumpen, die durch Energiequellen wie zum Beispiel ATP angetrieben werden (Abbildung 4.1 rechts). ↗ **ATP als Energiewährung: Abschnitt 2.2**

Eine solche Pumpe – und generell jede ATP-getriebene molekulare Maschine – ist ein Enzym, das ATP spaltet und die frei werdende Energie nutzbar macht. Der Zerfall von ATP in ADP und Phosphat ist zwar im thermodynamischen Sinn spontan, verläuft aber ohne Katalysator sehr langsam; nur deshalb ist ATP überhaupt als Energiespeicher geeignet. ATP spaltende Maschi-

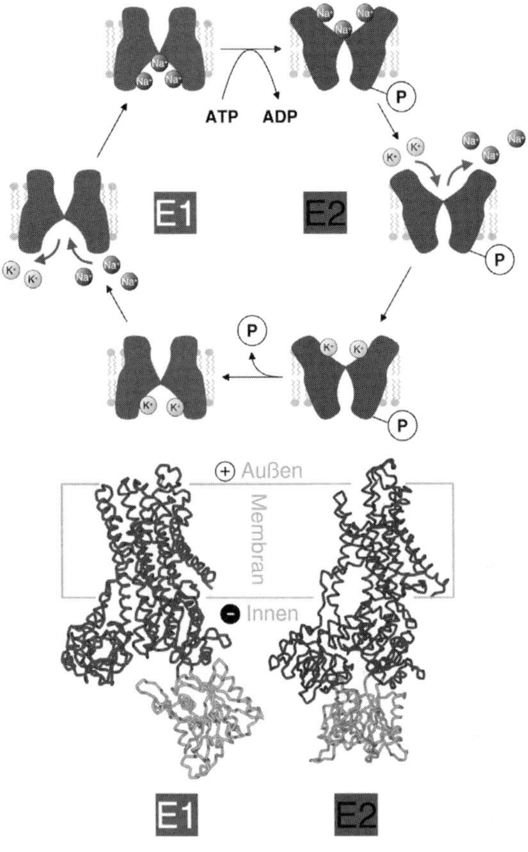

Abbildung 4.3: Ein ewiges Hin und Her – die Natrium-Kalium-Pumpe und der Pingpongmechanismus

nen beschleunigen diesen Zerfall und koppeln ihn an andere Vorgänge. ↗ **Thermodynamik versus Kinetik: Abschnitt 2.4**

Ein wichtiges Beispiel für Pumpen ist die Natrium-Kalium-Pumpe, die Natrium aus den Zellen heraus- und Kalium hereinpumpt (Abbildung 4.3). Sie wurde 1957 durch den dänischen Arzt

Jens Christian Skou entdeckt, und weil sie eine zentrale Rolle im Zellgeschehen einnimmt, hat auch das Nobelkomitee nicht lange gezögert und ihm bereits 40 Jahre später den Nobelpreis zuerkannt. Pro Arbeitszyklus werden drei Natriumionen heraus- und anschließend zwei Kaliumionen hereingepumpt («Pingpongmechanismus»), wobei die Pumpe zwei Zustände namens E1 und E2 einnimmt. ATP wird dabei in zwei Schritten verbraucht: Zuerst wird eine Phosphatgruppe (P) abgespalten und an das Eiweiß angehängt, sodass ADP übrig bleibt. Im weiteren Verlauf des Zyklus löst sich dann das P vom Eiweiß wieder ab, wodurch unter dem Strich ein ATP in ADP und P zerlegt wurde. Die Pumpe durchläuft nur 50 solcher Zyklen pro Sekunde – Pumpen arbeiten generell erheblich langsamer als Kanäle (siehe KcsA weiter oben).

Knifflig ist die Frage, *wie* denn nun genau die Energie aus dem ATP in die Pumparbeit umgesetzt wird. Für die Natrium-Kalium-Pumpe gibt es noch keine hochaufgelöste Struktur, wie man sie etwa für KcsA schon kennt. Die Pumpe gehört aber zu einer großen Familie von ähnlichen Proteinen, die alle gemeinsam als P-Typ bezeichnet werden, weil ihnen ein P vorübergehend angehängt wird. Proteinfamilien wie die Pumpen vom P-Typ entwickeln sich durch mehrere Runden von Genverdoppelung. ↗ **Genverdoppelung: Abschnitt 3.4** In diese Eiweißfamilie gehört auch eine Calciumpumpe, deren Struktur besser bekannt ist; sie ist in Abbildung 4.3 unten gezeigt. Die Bindung der Ionen, also von Calcium oder aber auch Natrium und Kalium, erfolgt mit Hilfe von umgebenden Sauerstoffatomen – also dasselbe Prinzip wie bei KcsA, obwohl die Eiweiße nicht verwandt sind. Für die Calciumpumpe kann man Strukturen der beiden Zustände E1 und E2 vergleichen, und man sieht, dass es zu recht umfangreichen Umlagerungen im Eiweiß kommt. Hell hervorgehoben ist jeweils die Region, wo ATP andockt, um ein Phosphat an die Pumpe zu hängen. Bei den Bereichen innerhalb der Membran erkennt man übrigens gut, wie die Proteinketten zur Helix aufgerollt sind. ↗ **Helixbildung in Proteinen: Abschnitt 3.3**

Neben den unterschiedlichen zellulären Konzentrationen von Natrium und Kalium bewirkt die Natrium-Kalium-Pumpe noch etwas anderes: Da im Austausch für *drei* positiv geladene Natriumionen nur *zwei* positiv geladene Kaliumionen nach innen befördert werden, wird netto in jeder Runde eine positive Ladung nach außen transportiert. Deshalb baut sich an der Zellmembran eine elektrische Spannung auf, wobei das Äußere der Zelle gegenüber dem Cytosol positiv geladen ist. Die Spannungen an biologischen Membranen liegen in der Größenordnung von 100 Millivolt. Das hört sich nicht beeindruckend an: 0,1 Volt, was ist das schon? Allerdings sind biologische Membranen auch nur einige milliardstel Meter dick. Das bedeutet, dass elektrische Feldstärken (Spannung geteilt durch Entfernung) von *mehreren Millionen Volt pro Meter* auftreten. Damit hat die Natur das Limit ausgeschöpft, das man den Lipidmembranen überhaupt zumuten kann. Als elektrische Isolatoren sind biologische Membranen ungefähr vergleichbar mit den Kunststoffen, die man für die Isolierung von Kabeln verwendet.

Doch zurück zu den Transportvorgängen. Einzelne Ionen sind klein und handlich im Vergleich zu den Eiweißen, die aus Tausenden von Atomen bestehen. Deshalb werden auch viel komplexere und größere Transportmaschinen benötigt, wenn ein Eiweiß über eine Membran transportiert werden soll. Die entsprechenden Apparaturen bestehen daher aus einem oder zwei Dutzend einzelner Proteine. Dabei muss das betreffende Eiweiß oft *entfaltet*, durchgefädelt und anschließend wieder *gefaltet* werden, sodass auch Chaperone beteiligt sind. ↗ **Chaperone: Abschnitt 3.3**

Nun geht gewiss kaum jemand zum Arzt und beklagt sich: «Herr Doktor, ich habe immer so Probleme mit den Kaliumkanälen, vor allem bei kaltem Wetter!» Trotzdem spielen Membranvorgänge auch für die Medizin eine wichtige Rolle – eine logische Konsequenz aus ihrer zentralen Rolle in der Zelle. Beispielsweise werden die Verteilung von Medikamenten im Körper, ihre unterschiedliche Anreicherung in verschiedenen Organen und ihre Ausscheidung über die Nieren von verschiedenen Transporterproteinen beeinflusst. ↗ Verteilung eines Wirkstoffes im Körper: Abschnitt 2.1 In den vergangenen Jahren sind dabei die individuellen Unterschiede in den Blick gekommen: Unterschiedliche Aktivität solcher Transporter ist eine wichtige Ursache für Unterschiede in der Wirkung von Medikamenten bei Kindern und Erwachsenen oder bei Männern und Frauen.

Stofftransport an der Zellmembran spielt auch in einem anderen Zusammenhang eine Rolle in der Pharmakologie: Viele Zellen, die man mit Medikamenten bekämpfen möchte, entwickeln Resistenzen gegen die Wirkstoffe, indem sie diese einfach wieder nach draußen pumpen. Bakterien können so gegen Antibiotika resistent werden, aber das Phänomen gibt es auch bei Pilzen oder Parasiten. Der Malariaerreger etwa wehrt sich auf diese Weise gegen den wichtigen Wirkstoff Chloroquin. Selbst menschliche Krebszellen können so manchmal gegen die Wirkstoffe der Chemotherapie resistent werden. In vielen Fällen gehören die betreffenden Pumpen zu einer großen Familie von Proteinen namens ABC-Transporter, die ATP benötigen und alle denselben Bereich zur ATP-Bindung haben, nämlich die *A*TP-*b*indende *C*assette. ABC-Transporter sind die größte Gruppe von Membrantransportern überhaupt und an vielen Prozessen beteiligt. Ein solcher ABC-Transporter, der Chloridionen pumpt, ist zum Beispiel unerlässlich für den Salzhaushalt in den Zellen der menschlichen Atemwege. Die Erbkrankheit Mucoviscidose entsteht, wenn dieses Protein seine Funktion nicht erfüllen kann.

Einen besonders tückischen Membranprozess mit medizinischer Relevanz werden wir in Abschnitt 7.1 näher kennenlernen: Viele Bakterien verfügen nämlich über Giftspritzen, molekulare Injektionsnadeln, mit denen sie Giftstoffe in die Zellen ihrer Opfer pumpen. Viren andererseits beglücken eine infizierte Zelle zwar nicht mit Giften, dafür schleusen sie aber ihr eigenes Erbgut hinein und veranlassen so die Zelle, massenhaft neue Viruskopien zu erzeugen. Dieses Eindringen von Viren zu verhindern, stellt ein neues Ziel für die Entwicklung antiviraler Medikamente dar. Vor allem im Fall des AIDS-Erregers HIV wird in verschiedenen Forschungszentren und bei Pharmafirmen intensiv an dieser Strategie gearbeitet. Die etablierten AIDS-Medikamente bekämpfen alle die Vermehrung des Virus, *nachdem* es sich schon in Zellen des menschlichen Immunsystems eingenistet hat. Die neuen Wirkstoffe mit ganz anderem Ansatzpunkt könnten die vorhandenen Therapien wirkungsvoll ergänzen. Medikamente gegen das Eindringen in die Zellen werden aber auch für einige andere Viren entwickelt, darunter etwa der Erreger der neuartigen Atemwegserkrankung SARS oder das tropische Dengue-Virus, ein Verwandter des Gelbfiebers.

FAZIT: **Die Zellmembran ist die Barriere, die das Innere der Zelle chemisch gegen die Umgebung abgrenzt. Deshalb ist der Transport von Stoffen über die Zellmembran ein fundamentales Merkmal aller Zellen. Die Zellen kontrollieren ihr inneres Milieu, indem sie gezielt manche Stoffe anreichern und andere herausbefördern. In der Zellmembran gibt es eine Vielzahl von Proteinen für diese Aufgaben. Einige davon sind Kanäle, durch die Stoffe passiv diffundieren. Daneben gibt es Pumpen, die unter Energieverbrauch einen aktiven Transport von Stoffen bewirken.**

5 Der Atem des Lebens

Der menschliche Körper ist eine Maschine, welche selbst ihr Triebwerk aufzieht, das lebendige Bild eines perpetuum mobile (beständig bewegten Gegenstandes). Die Nahrungsmittel unterhalten, was das Fieber erregt. Ohne jene schmachtet die Seele, geräth in Wuth und stirbt im höchsten Grade der Ermattung. Sie ist wie eine Kerze, deren Licht, ehe es erlöscht, noch einmal aufflackert. Aber wenn man den Körper ernährt, wenn man in seine Gefässe einen kräftigen Saft, stärkende Getränke eingiesst, dann wird auch die Seele stark wie diese und bewaffnet sich mit stolzem Muthe … Julien Offroy de La Mettrie, *Der Mensch eine Maschine*

5.1 Zellen unter Strom

Kaum glaubhaft, dass das stimmen soll: Der Körper *verbrennt* die Nahrung? Vor allem Kinder fragen an dieser Stelle, wo denn da die Flamme sein soll. Doch hier erhebt die Wissenschaft ihren belehrenden Zeigefinger (was sie bekanntlich gerne tut) und weist darauf hin, dass Feuer und Flamme nicht das Wesentliche an der Sache sind. Eine Verbrennung – vornehmer ausgedrückt Oxidation – kann zunächst auf zwei Arten charakterisiert werden:

Ein Stoff reagiert mit Sauerstoff

und beziehungsweise oder

Ein Stoff gibt Elektronen ab

Den Zusammenhang dieser beiden Aspekte kann man gut beim Wasser aufzeigen: Wenn Wasserstoff verbrennt, dann bildet er eine Verbindung mit Sauerstoff, und im neu gebildeten Wassermolekül sind die Elektronen zum Sauerstoff verschoben. ↗ **Wasser: Abschnitt 3.2** Fast kein anderes chemisches Element ist nämlich so gierig nach Elektronen wie der Sauerstoff (lediglich das aggressive Fluor übertrifft ihn hierin noch).

Eine Mischung aus Sauerstoff und Wasserstoff heißt nicht ohne Grund Knallgas, doch die Umsetzung der beiden Elemente kann auch heimlich, still und leise ablaufen. Dies geschieht in einer Brennstoffzelle; dort werden Elektronen in kontrollierter Weise von Wasserstoff auf Sauerstoff übertragen, und unterwegs machen sie auch noch etwas Nützliches. In thermodynamischer Hinsicht fließen die Elektronen bei diesem Vorgang nämlich bergab, und die Erzeugung von arbeitsfähigem elektrischem Strom ist genau der Zweck einer Brennstoffzelle.

Die Energiewandlung in den Mitochondrien funktioniert nach demselben Prinzip. Die energiereichen Elektronen, die dabei zum Sauerstoff fließen, stammen aus den Brennstoffen aus unserer Nahrung, in erster Linie Zucker und Fette. Letztlich geht es darum, ATP zu bilden. Allerdings sind dabei etliche Zwischenschritte nötig; reden wir also zunächst über die Elektronen.

Der wichtigste Brennstoff des Körpers ist Traubenzucker (auch Glucose oder Dextrose genannt). Ein Molekül Traubenzucker wird bei der Atmung in vielen Einzelschritten vollkommen abgebaut; dabei wird der Kohlenstoffanteil als Kohlendioxid frei, das wir ausatmen. Die energiereichen Elektronen werden unterdessen in zwei Überträgermolekülen namens NADH und $FADH_2$ gespeichert. Das «A» steht hier wieder (wie beim ATP) für die Base Adenin; auch NADH und $FADH_2$ sind Nukleotide. ↗ **Nukleotide: Abschnitt 2.2**

Allerdings gibt es auch Stoffwechselwege, bei denen Zucker nicht komplett abgebaut wird, sondern nur bis zu kleineren Bruchstücken wie Alkohol oder Milchsäure. Diese Vorgänge werden als Gärungen bezeichnet; wir verdanken den Gärung betreibenden Mikroorganismen Lebensmittel wie etwa Bier, Wein, Hefe- und Sauerteig, Joghurt und Käse. Gärung hat gegenüber der Atmung den Vorteil, ohne Sauerstoff auszukommen. Der

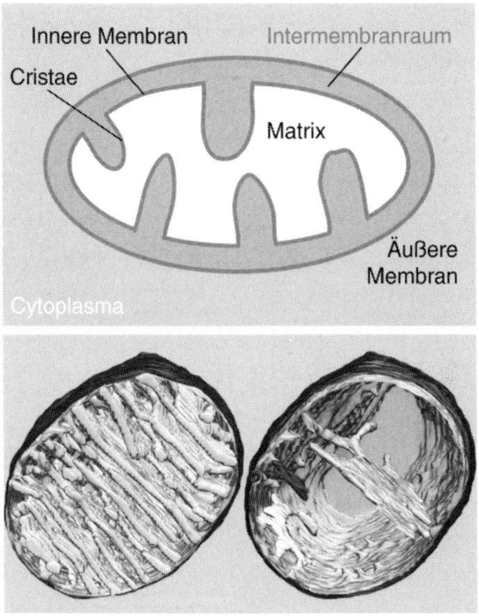

Abbildung 5.1: Mitochondrien einst und heute

Nachteil ist die geringere Energieausbeute: Da der Zucker nur sehr unvollständig abgebaut wird, geht natürlich auch entsprechend viel Energie ungenutzt verloren.

Im Hinblick auf die Effizienz ist deshalb die Atmung unschlagbar. Die Brennstoffzellen der Eukaryonten sind dabei die Mitochondrien (Abbildung 5.1), die von ehemals frei lebenden Bakterien abstammen. ↗ **Ursprung der Mitochondrien: Abschnitt 3.1** Mitochondrien haben eine äußere und eine innere Membran; dabei hat die innere Membran zahlreiche Einstülpungen, die *Cristae*. Das Innere der Mitochondrien ist die *Matrix*; der Raum zwischen den beiden Membranen heißt sinnigerweise *Intermembranraum*.

Viele Lehrbücher zeigen bis heute Darstellungen ähnlich der in Abbildung 5.1 oben, wo die Mitochondrien wie verschrumpelte Erdnüsse aussehen. Dieses altehrwürdige Bild geht auf Daten aus dem Jahr 1952 zurück; allerdings hat sich inzwischen einiges getan. Vor allem Terrence Frey von der San Diego State University hat mit seinen Arbeiten zu einem moderneren Bild der Mitochondrienstruktur beigetragen; er verwendet dabei die Elektronentomographie, die schon in Kapitel 2 vorgestellt wurde. Ich kenne ihn nicht persönlich, aber er muss ein sympathischer Mensch sein: Wenn man seine Homepage besucht, wird man nicht als Erstes mit seinen wissenschaftlichen Errungenschaften konfrontiert, sondern er stellt zunächst seine Familie vor (siehe Links am Ende des Buches). Von ihm stammt auch der untere Teil von Abbildung 5.1; man erkennt, dass die Cristae nicht bloß einfache Dellen der inneren Membran sind, sondern ein kompliziertes Geflecht bilden, das die Matrix zu großen Teilen ausfüllt (im rechten unteren Teilbild sind vier individuelle Cristae hervorgehoben). Der Zweck besteht darin, möglichst viel Membranfläche pro Mitochondrium unterzubringen. Ein Erwachsener hat in seinem Körper schätzungsweise 14 000 Quadratmeter innere Mitochondrienmembran, verteilt auf unzählige einzelne Mitochondrien.

In den ausgedehnten Bereichen der Cristaemembran finden nämlich die entscheidenden Vorgänge der Mitochondrien-Brennstoffzelle statt (Abbildung 5.2); die dünnen Pfeile stellen die Wege der Elektronen (e^-) dar. In der Membran sitzt eine «Atmungskette» aus den großen Proteinkomplexen I bis IV, die jeweils aus etlichen Untereinheiten (also einzelnen Eiweißmolekülen) bestehen. Daneben gibt es noch zwei kleinere Moleküle; zum einen das lipidähnliche Q10, das in der Membran herumschwimmt, zum anderen im Intermembranraum das Cytochrom *c*, das dem Myoglobin sehr entfernt ähnelt. Ausgehend von NADH wandern die Elektronen über Komplex I, Q10, Komplex III und Cytochrom *c* zum Komplex IV, wo sie auf Sauerstoff übertragen werden und schließlich Wasser bilden. Elektronen aus $FADH_2$ werden bei Komplex II eingespeist und auf Q10 übertragen; der restliche Weg ist gleich.

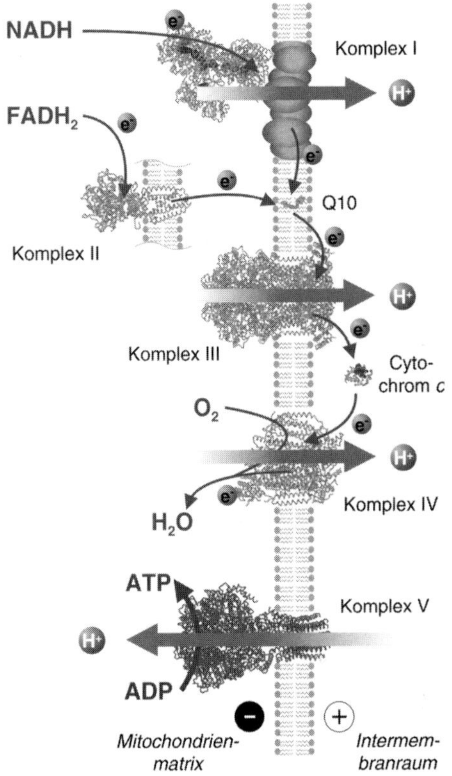

Abbildung 5.2: Die Atmungskette

Von Komplex I, der mit 46 Untereinheiten besonders groß ist, gibt es bisher nur elektronenmikroskopische Bilder. Bei einem verwandten Komplex aus dem Bakterium *Thermus thermophilus* sind allerdings zumindest die Teile, die aus der Membran herausragen, durch Röntgenstrukturanalyse aufgeklärt. Bei den übrigen eukaryontischen Komplexen II (vier Untereinheiten), III (11 Untereinheiten) und IV (13 Untereinheiten) kennt man schon die genauen Strukturen aller Untereinheiten. ↗ **Röntgenstrukturana-**

lyse: Kapitel 1 Übrigens sind die einzelnen Komplexe nicht so säuberlich aufgereiht, wie hier gezeigt; sie lagern sich zu noch größeren Aggregaten zusammen. Bei den Membranbereichen der Proteine in Abbildung 5.2 erkennt man wieder, dass sie überwiegend als Helix vorliegen. ↗ **Proteinstrukturen: Abschnitt 3.3**

Die Elektronen fließen also von NADH und $FADH_2$ zum Sauerstoff; thermodynamisch bewegen sie sich dabei bergab, wobei sie zwischen NADH und Wasser eine elektrische Spannung von 1,1 Volt durchlaufen. Ein ruhender Mensch verbraucht ungefähr 100 Joule pro Sekunde, der Grundumsatz hat also eine Leistung von 100 Watt. Mit der Formel *Leistung gleich Spannung mal Strom* können wir auch den elektrischen Strom ausrechnen, der dem entspricht: Im Ruhezustand fließt in den Mitochondrien insgesamt ein Strom von 100 Watt/1,1 Volt = 91 Ampere (bei starker körperlicher Beanspruchung kann der Wert auf das Zehnfache ansteigen).

Das kann aber noch nicht die ganze Geschichte sein: Das Fernziel ist ja, dass die Mitochondrien ATP liefern sollen. Bis jetzt wissen wir lediglich, dass dem Zucker Elektronen entzogen werden, die über die Zwischenspeicher NADH und $FADH_2$ in die Atmungskette gelangen und schließlich Wasser bilden. Der ganze Aufwand dient sicher nicht bloß dafür, ausgerechnet *Wasser* zu bilden, das in unserem Körper ohnehin reichlich vorkommt.

Wenn die Elektronen die Atmungskette entlangfließen, so ist das ein *Bergabvorgang*, der *einen anderen Vorgang in Bergaufrichtung antreiben* kann: Es werden nämlich Wasserstoffionen aus der Matrix der Mitochondrien in den Intermembranraum gepumpt; die Wege der Wasserstoffionen (H^+) sind in Abbildung 5.2 als dicke Pfeile dargestellt. Diese Ionen reichern sich dabei auf der Außenseite der Membran an; wir haben in Kapitel 4 gesehen, dass ein solches Pumpen von Teilchen *entgegen ihrem Konzentrationsgefälle* Energie benötigt. ↗ **Kopplung von Prozessen: Abschnitt 2.2; Aktiver Transport von Ionen: Kapitel 4** In diesem Fall stammt die Energie aus den energiereichen Elektronen; die Komplexe I, III und IV sind dabei die Pumpen für die Wasserstoffionen.

Auf diese Weise werden Wasserstoffionen im Intermembranraum angereichert; wenn sie über die innere Membran zurück in die Matrix fließen, so ist das ein Bergabvorgang. Damit kann wiederum ein anderer, Energie verbrauchender Vorgang angetrieben werden: Die Wasserstoffionen fließen nämlich durch Komplex V, wo schließlich die Energie genutzt wird, um in Bergaufrichtung die Bildung von ATP zu ermöglichen. ↗ **Komplex V: Abschnitt 7.1**

Dadurch, dass die positiv geladenen Wasserstoffionen aus der Matrix herausgepumpt werden, entsteht obendrein eine elektrische Spannungsdifferenz an der Membran: Die Matrixseite ist dabei negativ geladen, die andere Membranseite positiv. Das entspricht den Verhältnissen an Zellmembranen: Auch dort besteht eine Spannungsdifferenz, wobei die Cytosolseite negativ geladen ist. Und die Mitochondrien-Matrix ist genau das, was bei den frei lebenden Vorfahren der Mitochondrien das Cytosol war.
↗ **Spannungsdifferenz an der Zellmembran: Kapitel 4**

Ganz schön verwickelt das Ganze! Dafür gibt es im Wesentlichen zwei Gründe: Zum einen sind derartige Stoffwechselwege im Laufe von Jahrmilliarden gewachsen, wobei die Evolution durch Herumbasteln immer weitere Schnörkel und Seitenwege angefügt hat. Zum anderen ist ein so kompliziertes System aber auch *besonders flexibel und vielseitig*. Viele Lebewesen können in ihren Atmungsketten beispielsweise Elektronen aus ganz anderen Quellen nutzen und sind nicht auf Zucker als Brennstoff angewiesen. In Abschnitt 3.4 wurden Würmer erwähnt, die von Schwefelwasserstoff leben: Diese Meeresbewohner benutzen ihn als Elektronenquelle, und sie haben, da sie zusätzlich nichts fressen müssen, weder Mund noch Magen-Darm-Trakt. Aber auch am anderen Ende der Kette muss nicht unbedingt Sauerstoff stehen, denn viele Stoffe können Elektronen aufnehmen. Einige Mikroorganismen sind sogar in der Lage, Mineralien *außerhalb* ihrer Zellen zu nutzen, um dort die Elektronen abzuladen. Dafür haben sie verschiedene Tricks, darunter regelrechte Eiweißkabel mit hoher elektrischer Leitfähigkeit, die von der Zellmembran zu den Mineralien verlegt werden.

Eiweißmoleküle an sich sind allerdings nicht besonders gut geeignet für die Weiterleitung von Elektronen, und deshalb werden meist zusätzliche Metallatome oder kleine Moleküle eingebaut. Die genaue chemische Natur dieser zusätzlichen Bauteile ist dabei weniger wichtig als die optimalen Positionen und Abstände, die ein möglichst rasches Weiterhopsen der Elektronen ermöglichen sollen.

Ein wichtiges Beispiel für eine solche Elektronen leitende «Dotierung» ist das Häm, das in Komplex I, II, III und IV und auch in Cytochrom *c* enthalten ist (Abbildung 5.3). Dem Häm waren wir schon im Myoglobin und Hämoglobin begegnet (dort allerdings nicht als Überträger von Elektronen, sondern zur Bindung von Sauerstoff). ↗ **Myoglobin und Hämoglobin: Abschnitt 2.3 und 3.3** Häm gehört zur großen Gruppe der *Tetrapyrrolfarbstoffe*, die bei allen Lebewesen an einer Vielzahl von Stoffwechselwegen beteiligt sind. Ihre weite Verbreitung zeigt, dass die Tetrapyrrole eine frühe Erfindung des Lebens sind (genau wie die ähnlich weit verbreiteten Nukleotide).

Pyrrol ist ein kleines Molekül aus vier Kohlenstoffatomen und einem Stickstoffatom; mit zusätzlichen Verzierungen versehen, bilden vier Pyrrolbausteine ein *Tetra*pyrrol. Viele ringförmige Tetrapyrrole enthalten in ihrer Mitte zusätzliche Metallatome: Häm nimmt ein Eisenatom (Fe) auf, Chlorophyll ein Magnesiumatom (Mg); eher exotisch ist die cobalthaltige (Co) Cobyrinsäure, die in Vitamin B_{12} vorkommt. ↗ **Chlorophyll und Photosynthese: Kapitel 6** Daneben gibt es auch offenkettige Tetrapyrrole, die sich alle vom Häm ableiten, wobei zwischen den Pyrrolbausteinen A und B eine Spaltung erfolgt. Die gelblichen Gallenfarbstoffe werden so aus

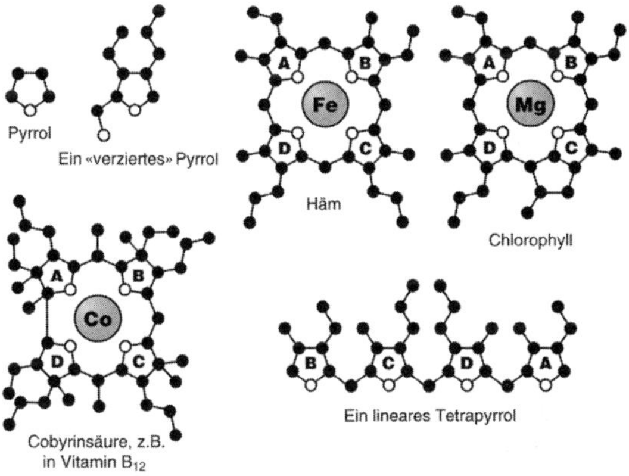

Abbildung 5.3: Thema und Variationen – die Tetrapyrrole, die «Pigmente des Lebens»

dem Hämoglobin recycelter roter Blutkörperchen gebildet. Auch die Farbspiele bei einem blauen Fleck gehen darauf zurück: Zunächst kommt es zu kleinen Blutungen in der Haut, wobei das rötlich violette Häm freigesetzt wird. Dieses wird dann zum lang gestreckten, grünen Biliverdin gespalten, das sich später wiederum in das orange-gelbliche Bilirubin umwandelt. Wenn Sie sich also das nächste Mal das Schienbein stoßen, dann können Sie die faszinierende Chemie der Tetrapyrrole live verfolgen!

FAZIT: **Die Atmung in den Mitochondrien erfolgt nach dem Prinzip der Brennstoffzelle. Elektronen aus Brennstoffen wie Traubenzucker werden zunächst in kleinen Molekülen zwischengespeichert und dann in die Atmungskette eingespeist, wo sie mit Sauerstoff zu Wasser reagieren. Dabei bewegen sich die Elektronen energetisch in Bergabrichtung; auf dem Weg zum Sauerstoff wird ihre Energie genutzt, um Wasserstoffionen aus der Matrix der Mitochondrien herauszupumpen. Der Rückfluss der Wasser-**

stoffionen ist ein freiwilliger Vorgang, der wiederum die ATP-Bildung in Bergaufrichtung antreibt.

5.2 Sie belieben wohl zu scherzen, Mr. Mitchell!

Die Komponenten in Abbildung 5.2 – die Atmungskette mit ihren verschiedenen Komplexen, die kleinen Moleküle wie ATP, NADH – waren schon bis ungefähr 1940 im Wesentlichen bekannt. Es war aber lange unklar, wie die Teilreaktionen gekoppelt sind: Wie kommt die Energie aus NADH und $FADH_2$ (also letztlich aus dem Zucker) in das ATP?

Die geniale Lösung, dass zunächst als Zwischenstufe Wasserstoffionen gepumpt werden, die anschließend durch Komplex V zurückfließen, geht auf den Engländer Peter Mitchell (1920–1992) zurück, der 1961 die «chemiosmotische Theorie» vorstellte. Heute hört sich das ganz logisch an, aber anfänglich gab es großen Widerstand gegen dieses revolutionäre Konzept. Dabei hat Mitchell mit seiner Arbeit nicht bei null angefangen, er integrierte Vorarbeiten anderer, und zeitgleich ist auch Robert J. P. Williams aus Oxford zu praktisch denselben Schlüssen gekommen. Williams wirkt in seinen späteren Arbeiten ausgesprochen verbittert, was vielleicht nicht erstaunlich ist: Den Nobelpreis für die chemiosmotische Theorie erhielt 1978 Peter Mitchell alleine, während Williams leer ausging. Ob Mitchells Beitrag wirklich der bedeutendere war oder nicht, sei dahingestellt. Klar ist jedenfalls, dass Mitchell nicht nur als Wissenschaftler sehr fähig war, sondern auch als Propagandist.

Mein späterer Doktorvater Bernd Rumberg hat die heiße Phase der «chemiosmotischen Kriege» bis circa 1975 selbst miterlebt. «Der Mitchell war ein Fuchs», so sein Eindruck. Staunenden Besuchern präsentierte Mitchell in seinem Büro eine riesige Weltkarte, auf der alle Institute, die zur chemiosmotischen Theorie bekehrt waren, mit Fähnchen markiert wurden. Photosyntheseforscher wie Rumberg mussten allerdings feststellen, dass Mitchell unbeeindruckt war von der Tatsache, dass dieselben Prinzipien inzwischen auch für die ATP-Bildung in Chloroplasten nachgewiesen waren. Eigentlich sollte die Bestätigung einer Theorie doch deren Urheber entzücken, aber Mitchell war ein Mitochondrien-Mann, und er konzentrierte sich darauf, innerhalb seines unmittelbaren Arbeitsgebietes die Kollegen zu missionieren. Und so fehlten auch die Photosynthese-Institute auf der Karte der Mitchell'schen Eroberungen.

Entscheidend an der Theorie, wie der Begriff *chemi-osmotisch* ausdrückt, ist die Verbindung von *chemischen Umwandlungen* mit dem Transport von Teilchen, also *räumlichen Vorgängen*. Abbildung 5.4 zeigt Komplex IV aus der Atmungskette im Detail. An diesem Enzym versteht man die Verbindung der beiden Aspekte inzwischen recht gut. Von den 13 Untereinheiten des Komplexes ist hier nur ein Ausschnitt gezeigt, der für die Funktion entscheidend ist. Die Elektronen (e^-), die von Cytochrom *c* angeliefert werden, gelangen über zwei Kupferatome (Cu) zunächst zu einem Häm und dann zur Bindungsstelle für Sauerstoff, die von einem weiteren Kupferatom und einem weiteren Häm gebildet wird. Man erkennt gut, wie das zweiatomige Sauerstoffmolekül (O_2) dazwischen sitzt. Für die Wasserstoffionen (H^+) gibt es zwei verschiedene Kanäle von der Matrixseite zur Sauerstoffbindestelle. Für jedes Elektron, das zum Sauerstoff gelangt, wird ein Wasserstoffion verbraucht, das dann im Wasser auftaucht. Ein weiteres Wasserstoffion wird jeweils durch den Komplex gepumpt und auf der anderen Seite, im Intermembranraum, freigesetzt.

Dieses gepumpte, zusätzliche Wasserstoffion ist für die Energieausbeute der Reaktionen in Komplex IV entscheidend: Wenn es nicht gepumpt wird, bleibt ein Teil der Energie aus dem ein-

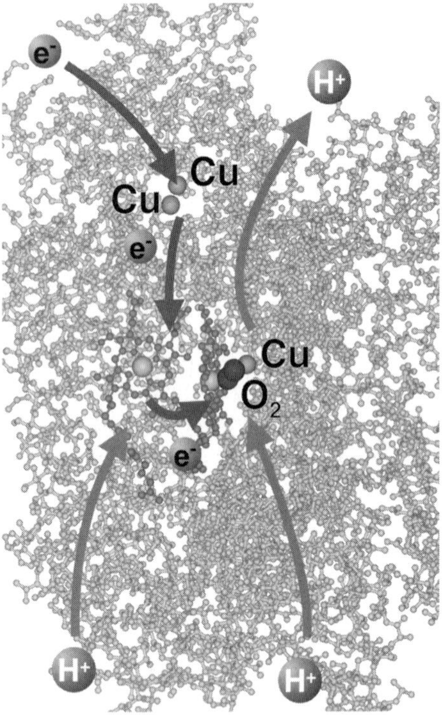

Abbildung 5.4: Das Innere von Komplex IV der Atmungskette

gespeisten Elektron ungenutzt. Interessanterweise gibt es unterschiedliche Varianten von Komplex IV je nach Lebewesen, zum Teil auch je nach Organ innerhalb eines Lebewesens, bei denen die Effizienz dieser Ionenpumpe variiert. Vögel haben zum Beispiel eine Form mit geringerem Wirkungsgrad, dabei wird mehr ungenutzte Energie als Abwärme freigesetzt – das passt zur höheren Körpertemperatur der Vögel im Vergleich zu Säugetieren. Umgekehrt tauchte in der Evolution der Affen eine Form von Komplex IV mit besonders hoher Effizienz auf, und das war vermutlich eine Voraussetzung für die Entstehung besonders leistungsfähiger Gehirne mit entsprechend hohem Energieverbrauch bei unseren Vorfahren.

Betrachtet man den gesamten Ablauf vom Zucker bis zum ATP, dann beträgt der Wirkungsgrad der Mitochondrien von Säugetieren ungefähr 50 Prozent (Abbildung 5.5). Ein erheblicher Teil der Energie aus der Nahrung wird also nicht in ATP gespeichert, sondern in Wärme umgesetzt, und das trägt entscheidend zur Wärmeproduktion bei Warmblütern bei. ↗ **Warmblütigkeit: Abschnitt 10.2** Energieverluste treten bei *allen* Zwischenschritten auf: bei der Bildung von NADH und $FADH_2$, beim Elektronenfluss in der Atmungskette, beim Aufladen der H^+-Batterie an der inneren Membran, beim Rückfluss der Wasserstoffionen durch Komplex V und schließlich beim Export des gebildeten ATP aus den Mitochondrien.

Wie in Abbildung 5.5 gezeigt, wird übrigens eine kleine Menge ATP beim Abbau des Traubenzuckers *direkt* gebildet; nur deshalb kann Gärung überhaupt ATP liefern. Der Löwenanteil der Energie aus der Nahrung kann aber eben nur durch die wesentlich wirksamere Atmung erschlossen werden.

FAZIT: **Die chemiosmotische Theorie beschreibt die Kopplung von chemischen Vorgängen mit Transportvorgängen. Sie erklärt die Bildung von ATP bei der Atmung, gilt aber auch für viele andere biologische Vorgänge, etwa die Photosynthese. Der energetische Wirkungsgrad eines chemiosmotischen Vorganges wird dabei von mehreren Aspekten beeinflusst, zum Beispiel: Wie effizient werden die Wasserstoffionen gepumpt? Und wie effizient werden die bereits gepumpten Wasserstoffionen verwertet?**

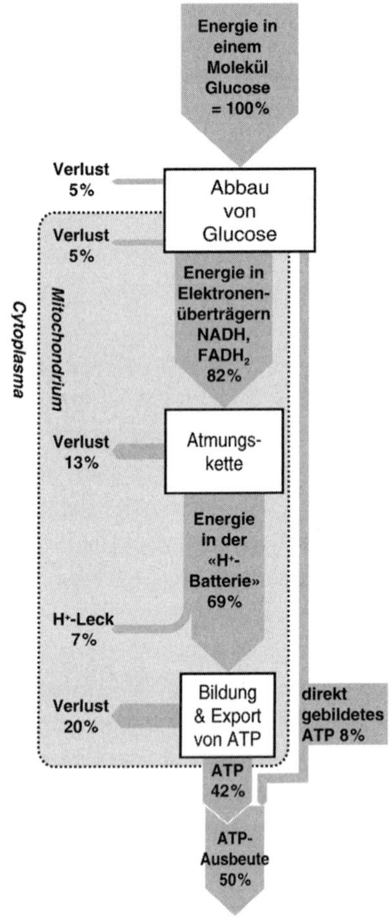

Abbildung 5.5: «Entscheidend ist, was hinten rauskommt» – der Wirkungsgrad der Atmung

5.3 Die EU-Gesundheitsminister: Atmen schadet Ihrer Gesundheit

Wenn man sich an die bequeme Energieversorgung durch Mitochondrien gewöhnt hat, dann will man nicht mehr darauf verzichten. Manche Eukaryonten können das zwar; sie kommen zeitweise oder immer ohne Atmung aus und decken ihren Energiebedarf ausschließlich durch Gärung. Doch uns Säugetieren, und auch allen übrigen Wirbeltieren, ist das leider verwehrt. Vor allem unsere aktiven Gehirne schreien dauernd nach ATP, und nur die mitochondriale Atmung kann diesen hohen ATP-Bedarf decken. Deshalb kennt die Medizin auch keine Krankheiten, bei denen es zum Totalausfall der Mitochondrien kommt: Das ist innerhalb von Minuten tödlich.

Es gibt aber etliche Krankheiten, bei denen die Mitochondrien zwar aktiv, aber in ihrer Funktion beeinträchtigt sind. Eine spezielle Mitochondrienmedizin entwickelt sich seit rund zehn Jahren; allerdings geht es bisher fast nur um Grundlagenforschung, und therapeutische Anwendungen sind noch nicht gereift. Den Hausarzt zu bedrängen, dass er Ihnen «mal was für die Mitochondrien» verschreibt, wäre also verfrüht.

Eine Schädigung der Mitochondrien trägt beispielsweise zum klinischen Bild der Alzheimer-Krankheit bei. Fehlfunktionen der Mitochondrien sind auch bei einer Form von Diabetes, bei der Parkinson-Erkrankung und eventuell bei multipler Sklerose im Spiel. Für die beiden letztgenannten Erkrankungen wird ein genetischer Defekt diskutiert, der die Funktionsfähigkeit von Komplex I beeinträchtigt. Daneben gibt es weitere, zum Teil recht seltene Erbkrankheiten, bei denen durch eine Mutation einer der Proteinkomplexe der Atmungskette in seiner Funktion gestört ist. Beim Leigh-Syndrom etwa kommt es zu Ausfällen in bestimmten Gehirnregionen. Bei all diesen Krankheiten können die Mitochondrien zwar noch ATP produzieren, aber mit verminderter

Ausbeute. Deshalb betreffen die Symptome auch vorrangig jene Gewebe, die besonders viel Energie benötigen, nämlich Nerven und Muskeln. ↗ **Energiebedarf von Nerven und Muskeln: Kapitel 9**

Unsere Mitochondrien können aber nicht nur *krank werden*, sie können uns ihrerseits auch *krank machen*. Wenn das Angebot an Elektronen in der Atmungskette höher ist, als es dem ATP-Bedarf entspricht, dann stauen sich die Elektronen und fangen an, Unfug zu machen. Sie können dann auch in den Komplexen I bis III auf Sauerstoff überspringen anstatt nur in Komplex IV wie eigentlich vorgesehen. In diesen Fällen entsteht aber nicht das harmlose Wasser, ganz im Gegenteil: Es werden aggressive Sauerstoffverbindungen gebildet, die man unter der Bezeichnung ROS *(reactive oxygen species)* zusammenfasst. Dazu gehört zum Beispiel Wasserstoffperoxid, das wegen seiner zerstörerischen chemischen Wirkung ein beliebtes Bleichmittel für Haare ist. Die schädliche Wirkung dieser Stoffe resultiert daraus, dass sie andere Zellbestandteile angreifen, zum Beispiel Membranlipide. Besonders großer Schaden wird angerichtet, wenn die DNA durch ROS attackiert wird, weil es dann zu dauerhaften Veränderungen des Erbgutes kommen kann.

Ein wirksames Rezept gegen die Produktion von schädlichen ROS ist, den Stau von Elektronen in der Atmungskette möglichst zu vermeiden – also die Treibstoffzufuhr zu vermindern und dem tatsächlichen Bedarf anzupassen. Die unter der hübschen Kurzformel FDH bekannte Diät ist deshalb nicht nur ein Mittel gegen Übergewicht (übrigens die einzige Diät, die tatsächlich funktioniert – vergessen Sie Trennkost, GLYX und die Wunderenzyme aus der Papaya!), sondern eine Reduzierung der Nahrungsaufnahme verlängert obendrein die Lebensspanne, weil Alterungsprozesse verlangsamt werden. Die Schädigung des Körpers durch hausgemachte ROS lässt uns im wahrsten Sinne alt aussehen. Eine reduzierte Nahrungszufuhr erhöht die Lebenserwartung bei vielen Organismen, von der Bäckerhefe bis hin zu Säugetieren. Kontrollierte Experimente am Menschen gibt es hierzu zwar kaum (aus Mangel an Kandidaten mit der nötigen Willensstärke?), aber erste Ergebnisse deuten darauf hin, dass knapp bemessene Mahlzeiten das Risiko für Atherosklerose («Gefäßverkalkung»), und damit auch für Herzinfarkt und Schlaganfall, vermindern.

Übrigens ist der einfache chemische Effekt – weniger ROS bei weniger Nahrung – nicht die einzige Komponente in diesem Geschehen. Es gibt daneben noch biochemische Regulationsvorgänge, denn Nahrungsknappheit signalisiert den Zellen: «Achtung, Krise!» Deshalb sind in knapp ernährten Zellen Wartungs- und Reparaturenzyme aktiver, zum Beispiel solche, die Schäden an der DNA reparieren, und auch das bremst das Altern.

Trotzdem sind ROS entscheidend bei der Schädigung von Zellen, und deshalb wird den Antioxidantien in der Nahrung große Bedeutung beigemessen, also Stoffen, welche die aggressiven Sauerstoffverbindungen unschädlich machen können. Die Vitamine C und E wirken so und vermutlich ebenso die Folsäure. Dass eine vitaminreiche Nahrung als «gesund» gilt, dürfte bekannt sein, doch in den vergangenen Jahren hat man verstärkt auch Lebensmittel beforscht, die früher nicht gerade als gesundheitsfördernd galten: Antioxidantien finden sich zum Beispiel in Kaffee und grünem Tee, in Rotwein und ebenso in Schokolade. Gerade bei den beiden Letztgenannten muss allerdings vor Euphorie gewarnt werden: Alkohol ist ein starkes Zellgift, und dieser negative Effekt stellt alle positiven Wirkungen des Rotweins bei höherem Konsum sofort in den Schatten. Auch der scheinbar geniale Plan «Schokolade futtern – der Gesundheit zuliebe» geht nicht auf, denn Schokolade besteht fast nur aus Fett und Zucker – Brennstoff pur, genau das Richtige, um massenhaft ROS zu bilden.

Auch das Q10, das ein natürlicher Bestandteil der Atmungskette ist, hat seinen Aufstieg zur angeblichen Wunderdroge in teuren Cremes der Tatsache zu verdanken, dass es als Antioxidans wirken kann. Vielleicht wird man aber in einigen Jahren sagen: «Q10 – um Himmels willen! Nehmen Sie keine Creme mit dem Zeug!» Das Q10 kann nämlich, je nach den Umständen, selber auch als *ROS-Produzent* wirken; eine ähnlich zwiespältige Rolle hat man inzwischen für die Carotinoide erkannt, die früher auch einmal als Wunderwaffe gegen ROS galten.

Nun wurde weiter oben gesagt, dass ROS besonders dann gebildet werden, wenn im Verhältnis zum tatsächlichen ATP-Bedarf zu viele Elektronen in die Atmungskette eingespeist werden. Neben der Drosselung der Brennstoffzufuhr kann man dieses Verhältnis deshalb auch durch Erhöhung des ATP-Verbrauchs günstig beeinflussen: Gemeint ist Sport und überhaupt jede Form von körperlicher Betätigung.

Die Evolution selbst hat auch Gegenmaßnahmen für den Fall des Elektronenstaus in der Atmungskette getroffen. Viele Lebewesen (wir allerdings nicht) haben ein zusätzliches Enzym namens AOX, das die Komplexe III und IV umgeht. Dieses Enzym arbeitet also wie ein Überdruckventil für nicht benötigte Elektronen. Daneben gibt es noch ein zweites Sicherheitsventil für Wasserstoffionen, die bereits gepumpt wurden und die nicht durch den Komplex V zurückfließen können, weil der gerade kein ADP in ATP umwandeln kann. Stattdessen fließen die Wasserstoffionen dann durch ein Leck in der inneren Membran der Mitochondrien, das von einem Protein namens UCP gebildet wird. Beide Proteine, AOX und UCP, bewirken also Verlustreaktionen, bei denen Energie ungenutzt verpufft, anstatt für etwas Sinnvolles (nämlich ATP-Synthese) genutzt zu werden. Das verschlechtert den thermodynamischen Wirkungsgrad der Mitochondrien, doch wurden solche Verlustreaktionen von der Evolution gezielt eingebaut, weil Effizienz eben nicht das einzige Kriterium für das optimale Funktionieren der Zellmaschinerie ist.

Wenn wir schon über die Bedeutung der Mitochondrien für

Leben und Tod plaudern, dann darf ein weiterer Aspekt nicht fehlen, der im vergangenen Jahrzehnt das Interesse der Forschung auf sich gezogen hat: der programmierte Zelltod, auch *Apoptose* genannt. Mitochondrien spielen bei diesem programmierten Selbstmord eine entscheidende Rolle, sie sind gewissermaßen eine Schaltzentrale des Vorganges. Das zeigt einmal mehr, wie hemmungslos opportunistisch die Evolution vorgeht: Eigentlich sind die Mitochondrien ja für die ATP-Produktion zuständig, aber die Evolution hatte keine Skrupel, ihnen noch eine völlig andere, zusätzliche Aufgabe aufzubürden.

Bei Einleitung des Selbstmordprogramms zerfallen die Mitochondrien und setzen ihren Bestandteil Cytochrom *c* frei. Dieses aktiviert dann spezielle Apoptose-Enzyme und produziert obendrein tödliche Mengen an ROS. Apoptose unterscheidet sich dadurch, dass sie «gewollt» ist, deutlich vom gewöhnlichen Zelltod, der Nekrose. Wenn eine Zelle durch *äußere* Einflüsse stark geschädigt wird, etwa durch Gifte, Hitze oder UV-Strahlung, dann bleibt ihr nichts anderes übrig, als zu sterben, da braucht es keine ausgefuchsten Mechanismen. Bei der Apoptose hingegen gibt es eine komplizierte Regulation, an der Dutzende verschiedener Proteine beteiligt sind. Manche davon fördern die Apoptose, andere hemmen sie, und erst bei einem Überhandnehmen von proapoptotischen Signalen wird das Selbstmordprogramm tatsächlich eingeleitet.

Ursprünglich hat sich die Apoptose vermutlich in den einfachsten vielzelligen Lebewesen entwickelt, um defekte Zellen zu entsorgen. Die Apoptose kann zum Beispiel eingeleitet werden, wenn der ATP-Spiegel in der Zelle unter einen kritischen Wert fällt, weil das wohl ein Zeichen dafür ist, dass mit der Zelle entschieden etwas faul ist. Später in der Evolution sind subtilere Aufgaben hinzugekommen, und so ist die Apoptose auch bei der Embryonalentwicklung wichtig. Die Zwischenräume zwischen den Fingern entstehen beispielsweise dadurch, dass in bestimmten Regionen der zunächst ungegliederten Hand gezielt Zellen absterben. Die Apoptose ist allerdings lebenslänglich aktiv und wirkt an der delikaten Balance aus Absterben und Erneuern der Gewebe mit. Und diese Balance ist buchstäblich lebenswichtig: Der Verlust der Apoptosefähigkeit ist eine Voraussetzung für das ungebremste Wachstum von Krebszellen.

Viele Krankheitserreger manipulieren übrigens unsere Apoptosemechanismen zu ihren Gunsten. Häufig kommt es vor, dass sie Zellen des Immunsystems töten, indem sie deren Apoptose in Gang setzen. Der AIDS-Erreger HIV legt auf diese Weise das Immunsystem lahm, aber den Trick kennen wir auch bei anderen Viren und bei Bakterien. Daneben gibt es aber auch Erreger, die umgekehrt die Apoptose der befallenen Zellen gezielt *abschalten* und so ihr Überleben in diesen Zellen sichern.

FAZIT: **Obwohl wir als Warmblüter einen großen Teil der Energie aus unserer Nahrung verheizen, darf der Wirkungsgrad der Mitochondrien nicht beliebig stark fallen. Eine Reihe von Krankheiten hängt mit gestörten Abläufen in den Mitochondrien zusammen, wobei solche Krankheiten typischerweise die Nerven- und Muskelzellen mit ihrem besonders hohen Energiebedarf betreffen. Andererseits sind die Mitochondrien eine Quelle für aggressive, zellschädigende Sauerstoffverbindungen, wenn das Angebot an Brennstoffen den ATP-Bedarf übersteigt; Verminderung der Nahrungszufuhr ist die einzige bekannte Methode, die die Lebenserwartung von Säugetieren signifikant steigert. Erst seit rund zehn Jahren weiß man, dass die Mitochondrien neben der Funktion als Kraftwerk der Zelle auch noch die Schaltzentrale für den programmierten Zelltod, die Apoptose, sind.**

6 Ein Platz an der Sonne

Der erste Mann, den ich aufsuchte, war von armseligem Aussehen mit rußigen Händen und Gesicht; Haare und Bart waren lang, zottig und an mehreren Stellen versengt. Seine Kleider, sein Hemd und seine Haut waren alle von der gleichen Farbe. Er hatte acht Jahre an einem Projekt gesessen, Sonnenstrahlen aus Gurken zu ziehen, die in hermetisch verschlossene Gefäße gegeben und in rauhen, unfreundlichen Sommern herausgelassen werden sollten, um die Luft zu erwärmen. Er sagte mir, er zweifle nicht daran, daß er nach weiteren acht Jahren imstande sein würde, die Gärten des Statthalters zu einem annehmbaren Preis mit Sonnenschein zu beliefern. Jonathan Swift, *Gullivers Reisen, Dritter Teil*

6.1 Das Gleiche noch einmal in Grün

Photosynthese funktioniert genau wie die Atmung, nur anders. Alles klar?

Rekapitulieren wir zunächst: Bei der Atmung wird Zucker abgebaut, wobei Sauerstoff aufgenommen und Kohlendioxid und Wasser freigesetzt werden; dieser Prozess *liefert* Energie:

Zucker + Sauerstoff → Kohlendioxid + Wasser + Energie

Bei der Photosynthese hingegen wird Zucker aus Kohlendioxid und Wasser gebildet, dabei wird Sauerstoff freigesetzt; dieser Vorgang *erfordert* Energie aus dem Sonnenlicht:

Kohlendioxid + Wasser + Lichtenergie → Zucker + Sauerstoff

Zwar gibt es bei Bakterien verschiedene Formen von Photosynthese, doch wir konzentrieren uns hier auf die «oxygene» Variante, also die *Sauerstoff bildende* Photosynthese, die sich bei den

Cyanobakterien entwickelt hat und von ihnen auch den Algen und Pflanzen vererbt wurde. ↗ **Ursprung der Chloroplasten: Abschnitt 3.1**

Bei der Atmung war ja noch die Sache mit den Elektronen: Energiereiche Elektronen aus dem Zucker werden in Überträgermolekülen zwischengespeichert. Bei der Photosynthese hingegen müssen Elektronen *zugeführt* werden, um Kohlendioxid in Zucker umzuwandeln. Die Überträgersubstanz in diesem Fall ist *NADPH*, das sich vom *NADH* nur durch eine zusätzliche Phosphatgruppe (P) unterscheidet. Auch dem ATP begegnet man wieder: Während es bei der Atmung durch Verbrennung von Zucker gebildet wird, muss es bei der Photosynthese für die Bildung von Zucker aufgewendet werden.

Die beiden Moleküle NADPH und ATP spielen deshalb eine Schlüsselrolle in der Photosynthese. Dabei lässt sich das komplizierte Geschehen praktischerweise in zwei Teilbereiche unterteilen, die *Licht-* und *Dunkelreaktionen*. Bei den Lichtreaktionen werden die energiereichen Zwischenprodukte NADPH und ATP mit Hilfe von Sonnenlicht gebildet; bei den Dunkelreaktionen werden diese Stoffe dann verbraucht, wobei Kohlendioxid «fixiert», also in Biomasse umgewandelt wird. Zuerst wird dabei immer Zucker gebildet, alle anderen Bestandteile der Pflanze (etwa Eiweiße und Fette) werden nachträglich daraus produziert.

Die extrem verwickelten Dunkelreaktionen wurden von Melvin Calvin und seinen Kollegen nach dem Zweiten Weltkrieg aufgeklärt und heißen deshalb Calvinzyklus. Der erste Schritt erfordert das Enzym Ribulose-1,5-bisphosphat-Carboxylase-Oxygenase, meist zum handlicheren RUBISCO abgekürzt. Die Kohlendioxidfixierung hat dabei mit dem hohen Sauerstoffgehalt der Atmosphäre zu kämpfen: Die beiden Moleküle Sauerstoff O_2 und Kohlendioxid CO_2 sind so ähnlich, dass RUBISCO sie nur mit Mühe auseinanderhalten kann. Und obendrein macht Kohlendioxid weniger als 0,04 Prozent der Lufthülle aus, Sauerstoff hingegen ist mit einem Anteil von 21 Prozent rund 500-mal häufiger. Deshalb kommt oft eine Verwechslung vor, bei der Sauerstoff statt Kohlendioxid in den Calvinzyklus eingespeist wird – wodurch es zu einer Verlustreaktion kommt, bei der keine Biomasse aufgebaut wird. Cyanobakterien und auch viele Algen und höhere Pflanzen haben deshalb Kohlendioxidpumpen, die den knappen Rohstoff in der Zelle anreichern. Dadurch ist RUBISCO besser mit Kohlendioxid versorgt, aber andererseits steigen die Energiekosten: Neben den ATP- und NADPH-Molekülen, die *direkt* bei der CO_2-Fixierung verbraucht werden, muss zusätzlich Energie für die Pumpen bereitgestellt werden. ↗ **ATP-getriebene Pumpen in Membranen: Kapitel 4**

Durch die Verbrennung fossiler Brennstoffe steigt der Kohlendioxidgehalt der Atmosphäre; er könnte sich im 21. Jahrhundert gegenüber dem Wert vor der Industrialisierung fast verdreifachen. Das wird meist im Hinblick auf die globale Erwärmung diskutiert, denn CO_2 ist ein Treibhausgas. Dabei wird oft übersehen, dass auch direkte Effekte auf die Pflanzenwelt zu erwarten sind. Die genauen Folgen kennt niemand, aber bereits jetzt ist klar, dass verschiedene Pflanzenarten *unterschiedlich* auf erhöhten Kohlendioxidgehalt reagieren, wobei viele keineswegs schneller wachsen. Der erhöhte CO_2-Gehalt ändert die Spielregeln, nach denen verschiedene Arten konkurrieren. ↗ **Konkurrenz und Evolution: Kapitel 10** So werden vom höheren Kohlendioxidangebot in erster Linie Pflanzen *ohne* CO_2-Pumpe profitieren. Andere Arten, die solche Pumpen haben, sind schon jetzt gut mit Kohlendioxid versorgt; für sie verschlechtern sich unterm Strich die Bedingungen, weil sie trotzdem auf den Energiekosten dieser Pumpen sitzenbleiben. Dadurch wird sich das Artenspektrum in vielen Ökosystemen ändern – einschließlich unserer selbst geschaffenen Ökosysteme in der Landwirtschaft, wo für bestimmte Unkräuter herrliche Zeiten anbrechen könnten.

Werfen wir jetzt einen Blick auf die Lichtreaktionen. Genau wie die entscheidenden Schritte der Atmung laufen sie an

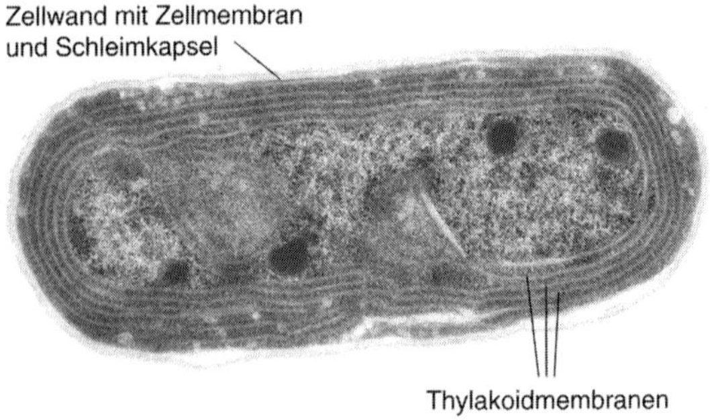

Abbildung 6.1: Das Cyanobakterium Synechococcus lividus *(Abmessungen ungefähr ein Mikrometer mal 3,5 Mikrometer)*

Membranen ab. Die Cyanobakterien (Abbildung 6.1) haben spezielle Einstülpungen der Zellmembran, die Thylakoide (nach dem griechischen *thylakos*, was schlicht «Sack» bedeutet). Bei höheren Pflanzen ist die Thylakoidmembran noch komplexer, sie füllt die Chloroplasten zu großen Teilen aus (vergleiche Abbildung 3.3, Seite 71). Genau wie bei den Mitochondrien (vergleiche Abbildung 5.1, Seite 109) geht es darum, möglichst viel Membranfläche auf kleinem Raum unterzubringen, um die Kapazität der Membranvorgänge zu maximieren.

In der Membran befindet sich eine Kette aus großen Eiweißkomplexen und kleinen, beweglichen Molekülen (Abbildung 6.2), die große Ähnlichkeit mit der Atmungskette hat (vergleiche Abbildung 5.2, Seite 111). Doch während bei der Atmung die Elektronen vom NADH zum Wasser energetisch *bergab* fließen, bewegen sie sich in der Photosynthese *bergauf*: Sie starten beim Wasser und landen schließlich beim NADPH. Genau dafür wird die Energie des Sonnenlichts benötigt; sie wird von den beiden chlorophyllhaltigen Proteinkomplexen Photosystem I und Photosystem II eingefangen. Photosystem II ist auch der Ort, an dem das Wasser gespalten und Sauerstoff gebildet wird. Zwischen den beiden Photosystemen gibt es mehrere Komponenten, die jeweils Gegenstücke in der Atmungskette haben: Plastochinon, das dem Q10 ähnelt; der Cytochrom-b_6f-Komplex, der mit Komplex III verwandt ist; und schließlich die kleinen Proteine Plastocyanin und Cytochrom c_6. Die Cyanobakterien hatten anfänglich nur Cytochrom c_6, das dem Cytochrom *c* aus der Atmungskette entspricht. Später kam als Alternative das kupferhaltige Eiweiß Plastocyanin hinzu; auch die Rotalgen enthalten noch beide Proteine. Bei den Grünalgen und Pflanzen hingegen wurde Cytochrom c_6 abgeschafft, sie verwenden nur das modernere Plastocyanin (wie in Abbildung 6.2 gezeigt). So dachte man jedenfalls bis vor kurzem: Inzwischen hat man auch bei diesen Eukaryonten das Cytochrom c_6 aufgespürt – allerdings stark modifiziert und für eine ganz andere Aufgabe umfunktioniert. Ein weiterer Beleg für die permanente Bastelei der Evolution.

Die ganze Anordnung heißt *Z-Schema* nach der energetischen Auf-und-ab-Bewegung der Elektronen auf dem Weg vom Wasser zum NADPH. Die Ähnlichkeiten zwischen dem Z-Schema der Photosynthese und der Atmungskette haben zwei Gründe. Zum einen die gemeinsame Herkunft: Die Photosynthese ist wahrscheinlich durch Hinzufügen von Photosystemen direkt aus der Atmung hervorgegangen. Konkret wird vermutet, dass sich der erste Photosystem-Vorläufer von einer Art Komplex III ableitet, dabei wurde vermutlich das Häm durch andere Tetrapyrrolpigmente ersetzt, aus denen wiederum später das echte Chlorophyll hervorgegangen ist. Daneben gibt es aber auch Parallelen zwischen Atmung und Photosynthese, weil bestimmte optimale Lösungen in der Evolution mehrmals gefunden wurden: So wurden beispielsweise die sehr ähnlichen Moleküle Q10 und Plastochinon unabhängig voneinander erfunden.

Zu den Ähnlichkeiten von Photosynthese und Atmung gehört auch die Rolle der Wasserstoffionen bei der Bildung von ATP. Zwei

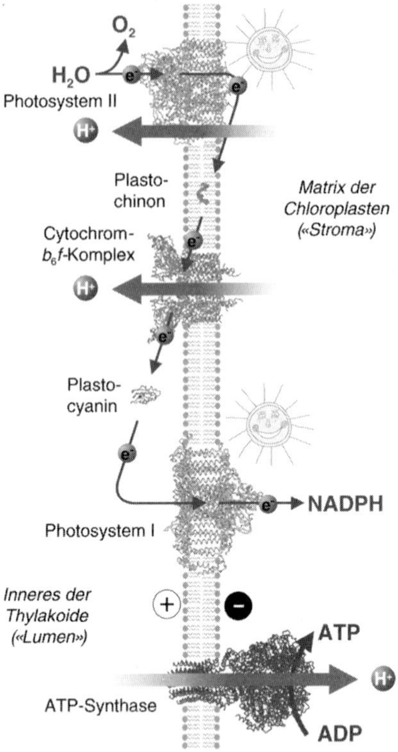

Abbildung 6.2: Der Weg der Elektronen und Wasserstoffionen im Z-Schema der Photosynthese

Komplexe aus dem Z-Schema, Photosystem II und der Cytochrom-b_6f-Komplex, pumpen die Ionen in das Innere der Thylakoide. Anschließend fließen die Wasserstoffionen zurück und treiben die ATP-Bildung an der so genannten ATP-Synthase an («-ase» ist die universelle Endung für Enzymnamen). Dieser Komplex ist dem Komplex V der Atmung sehr ähnlich. ↗ **Peter Mitchell und die chemiosmotische Theorie: Abschnitt 5.2; ATP-Synthase: Abschnitt 7.1** Der Nachweis, dass die

ATP-Bildung bei der Photosynthese genauso funktioniert wie bei der Atmung, wurde in den sechziger Jahren des zwanzigsten Jahrhunderts erbracht, wobei wesentliche Beiträge aus den Gruppen von André Jagendorf in den USA und Horst Witt in Berlin kamen (Bernd Rumberg, der im vorigen Kapitel zu Wort kam, war damals ein Mitstreiter von Witt). Jagendorf gehörte anfänglich übrigens zu den vielen Wissenschaftlern, die der Theorie des späteren Nobelpreisträgers Mitchell kritisch gegenüberstanden: Nachdem er erstmalig bei einer Tagung einen Vortrag von ihm gehört hatte, war er «verärgert, dass man einen derart lächerlichen und inkompetenten Vortragenden zugelassen hatte».

Zeitgleich mit diesen Arbeiten im Westen, vielleicht sogar noch davor, hat auch ein Professor Shen in Schanghai den Nachweis erbracht, dass die chemiosmotische Theorie für die Photosynthese gilt. Durch die schwierigen Bedingungen während der chinesischen Kulturrevolution war Shen allerdings von der Kommunikation der internationalen Wissenschaft abgeschnitten und konnte insbesondere nicht in westlichen Fachzeitschriften publizieren. Es gibt aber chinesische Veröffentlichungen aus dieser Zeit, die Shens Entdeckung belegen.

FAZIT: **Bei der Photosynthese wird Biomasse aus Kohlendioxid aufgebaut, wobei Sauerstoff frei wird. Die benötigte Energie stammt aus dem Sonnenlicht. In den Lichtreaktionen werden zunächst die energiereichen Stoffe ATP und NADPH gebildet. In den anschließenden Dunkelreaktionen wird das Kohlendioxid dann unter Verbrauch von ATP und NADPH fixiert, also in Biomasse umgewandelt. Die Schritte der Lichtreaktionen spielen sich an der Thylakoidmembran der Cyanobakterien und Chloroplasten ab; die einzelnen Komponenten sind dabei zum Z-Schema angeordnet, das deutliche Ähnlichkeiten mit der Atmungskette der Mitochondrien aufweist.**

6.2 Die kleinste Antenne der Welt

In der Technik ist eine Antenne eine Vorrichtung zum Einfangen elektromagnetischer Strahlung. Auch beim sichtbaren Licht, das die Photosynthese antreibt, handelt es sich um solche Strahlung, wobei die Wellenlängen bei einigen hundert Nanometern liegen. Radiowellen, wie man sie für Radio- und Fernsehübertragungen nutzt, haben wesentlich größere Wellenlängen im Bereich von Zentimetern bis Kilometern, und dieser Unterschied spiegelt sich auch in den Größen der betreffenden Antennen wider.

Die Antennen der Photosynthese bestehen aus Pigmentmolekülen und sind nur einige Nanometer groß. Die Pigmente befinden sich in den Photosystemen selber, doch es gibt zusätzliche Antennenproteine, die mit Pigmenten vollgestopft sind. Die wichtigsten Pigmente der Photosynthese sind dabei verschiedene Chlorophylle und die gelb bis rot gefärbten Carotinoide. Die Evolution der Photosynthese und die Anpassung einzelner Arten an verschiedene Lebensräume lassen sich gut an den verschiedenen Pigmenten verfolgen. Cyanobakterien haben zum Beispiel außer Chlorophyll und Carotinoiden noch die blauen Phycobiline, die den «Blaualgen» (wie man sie früher nannte) zu ihrem Namen verhalfen. Phycobiline sind wie Chlorophylle Tetrapyrrole, allerdings keine ringförmigen, sondern offenkettige. ↗ **Ringförmige und offenkettige Tetrapyrrole: Abschnitt 5.1** Alle drei Farbstofftypen finden sich auch noch bei den recht altertümlichen Rotalgen, während Grünalgen und Landpflanzen die Phycobiline abgeschafft haben und nur Chlorophylle und Carotinoide verwenden.

Mehr Licht bedeutet mehr Antrieb für die Photosynthese – ganz naiv sollte man also meinen, dass es günstig ist, *so viel Licht wie möglich* einzufangen. *Zu viel* Licht ist aber ausgesprochen gefährlich und zerstört den Photosyntheseapparat! Effizienter Lichteinfang ist deshalb nur dann die Devise, wenn *wenig* Licht angeboten wird (zum Beispiel bei bedecktem Himmel oder in der Dämmerung), während in der prallen Mittagssonne Schutzmaßnahmen gegen «Überbelichtung» nötig sind. Die Evolution stand also bei der Konstruktion der Photosyntheseantennen wieder einmal vor dem Problem, gegensätzliche Anforderungen unter einen Hut zu bringen. Dabei muss man bedenken, dass die Lichtstärke oft sehr schnell zwischen *zu wenig* und *zu viel* wechselt, etwa wenn in Sekunden eine Wolke die Sonne freigibt oder verdeckt. Wahrscheinlich hatten einige Pigmentkomplexe, die jetzt als Antennen dienen, ursprünglich eine Schutzfunktion gegen Schäden durch zu hohe Lichtstärke.

Photosynthetische Komplexe müssen also, genau wie ihre Gegenstücke in der Atmung, Elektronen und in manchen Fällen auch Wasserstoffionen weiterleiten, aber zudem müssen sie die Energie der «Lichtteilchen», also Lichtquanten, einfangen und weiterleiten können. Um das genau zu verstehen, braucht man Daten über die Struktur und insbesondere über die Anordnung der Pigmente. Im Jahr 1985 wurde die Röntgenstruktur eines photosynthetischen Proteinkomplexes aus einem Purpurbakterium veröffentlicht, eine Art Minimalversion von Photosystem II, die nicht in der Lage ist, Wasser zu spalten. Für diese Pionierleistung erhielten die Münchener Wissenschaftler Johann Deisenhofer, Hartmut Michel und Joachim Huber drei Jahre später den Nobelpreis, und seitdem haben sich mehrere Arbeitsgruppen bemüht, auch den Aufbau der rund fünfmal größeren Komplexe aus Cyanobakterien und Eukaryonten zu enträtseln. Das echte Photosystem II erwies sich dabei als besonders knifflig, während man beim Photosystem I schneller Erfolg hatte. Auch hier kamen entscheidende Beiträge wieder von Horst Witt und seinen Kollegen; Abbildung 6.3 zeigt allerdings eine Struktur von Photosystem I aus Pflanzen, die auf Daten der Konkurrenz beruht, nämlich der Gruppe um Nathan Nelson in Tel Aviv.

Dabei sind die Eiweiße weggelassen, und nur die eingelagerten zusätzlichen Moleküle (hauptsächlich Chlorophyll) werden gezeigt. In der Seitenansicht erkennt man zwei spezielle Chlorophyllmoleküle in der Mitte, die dafür zuständig sind, nach Lichteinfang ein Elektron auf die Reise zu schicken. (Die Elektronenlücke, die dann entsteht, wird durch ein neues Elektron von Plastocyanin aufgefüllt.) Über zusätzliche Chlorophylle und weitere Gruppen gelangt das Elektron auf die Außenseite der Membran, wo es schließlich auf NADPH übertragen wird. Das Durchschleusen eines Elektrons durch Photosystem I erfolgt also in einem zentralen Kabel; alle übrigen Chlorophyllmoleküle leiten Lichtenergie zu diesem Kabel. In der Aufsicht ist gezeigt, wie ein Lichtquant (Pfeile) von außen nach innen wandert, bis es schließlich an der richtigen Stelle landet. Die Antennenchlorophylle sind zum Teil in Photosystem I gebunden, daneben sind noch vier Kopien eines zusätzlichen Antennenproteins mit weiterem Chlorophyll vorhanden.

Bei Cyanobakterien hat man noch erheblich größere Aggregate gefunden, wie in dem unteren kleinen Teilbild von Abbildung 6.3 gezeigt: Drei Exemplare von Photosystem I lagern sich in der Mitte zusammen und sind außen von einem Ring aus 18 Kopien des Proteins IsiA umgeben. Jedes IsiA bindet seinerseits 16 Chlorophyllmoleküle, sodass die ganze Anordnung eine gigantische Antenne für Photosystem I ist. Dieses Gebilde ist übrigens 2001 von zwei Arbeitsgruppen unabhängig entdeckt worden, eine davon war ein Kooperationsprojekt der Teams von Elfriede Pistorius in Bielefeld, Egbert Boekema in Groningen und Matthias Rögner in Bochum (in dessen Gruppe ich damals gearbeitet habe – es versteht sich, dass ich hier unsere Struktur präsentiere und nicht die der Konkurrenz).

Der große Komplex aus Photosystem I und IsiA ist aber kein Einzelfall; generell lagern sich die photosynthetischen Proteine oft zu solchen Superkomplexen zusammen, genau wie die Eiweiße der Atmungskette. ↗ **Atmungskette: Abschnitt 5.1** Und durch die Notwendigkeit, große Mengen von Pigment-Protein-Komplexen

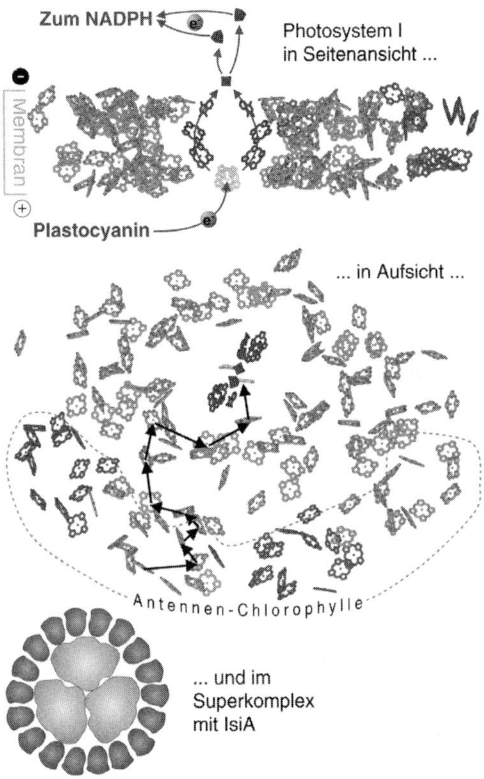

Abbildung 6.3: Photosystem I in Nahaufnahme

unterzubringen, enthalten photosynthetische Membranen sehr viel Eiweiß. Das erinnert an die Situation im wässrigen Cytosol, das auch einen sehr hohen Anteil an Proteinen enthält. ↗ **Eiweißgehalt des Cytosols: Abschnitt 2.3** Es ergibt sich daher auch in beiden Fällen dieselbe Konsequenz, nämlich eine starke Behinderung der Diffusion durch das molekulare Gedrängel.

Werfen wir nun einen Blick auf die *Energieausbeute* der Photosynthese. Nach jahrzehntelangen und hitzigen Kontroversen war mit der Etablierung des Z-Schemas klar, dass man theoretisch *acht Lichtquanten* benötigt, um *ein Molekül Kohlendioxid* zu fixieren:

1) Für *ein aufgenommenes Molekül* CO_2 werden *zwei Moleküle Wasser* gespalten.
2) *Jedem* H_2O werden dabei *zwei Elektronen* entzogen – macht *insgesamt vier.*
3) *Jedes Elektron* benötigt *je ein Lichtquant*, um *je ein Photosystem* zu passieren – macht bei zwei Photosystemen *zwei Lichtquanten pro Elektron.*
4) Ergo: *Vier Elektronen* mal *zwei Lichtquanten* ergibt *acht Lichtquanten insgesamt.*

Durch zusätzliche Prozesse (deren ausführliche Darstellung ich Ihnen und mir erspare) sind es in der Praxis eher zehn Lichtquanten pro CO_2; wenn man den Energiegehalt dieses hineingesteckten Lichtes mit der Ausbeute an Zucker vergleicht, dann kommt man auf eine Gesamteffizienz von 27 Prozent (Abbildung 6.4).

Dabei handelt es sich allerdings um reine Schreibtischbiochemie, die nur unter *idealen* Bedingungen gilt. Unter den *realen* Bedingungen, bei denen zum Beispiel eine Getreidepflanze auf dem Acker wächst, kommt man lediglich auf Ausbeuten um ein Prozent.

Doch trotz ihres geringen Wirkungsgrades gilt die Photosynthese als Vorbild und Ansporn für verschiedene mögliche Energiequellen der Zukunft. Die Solarzellen auf Siliziumbasis haben dabei mit der natürlichen Photosynthese nur die Grundidee gemeinsam: energiereiche Elektronen durch Lichteinfang. Ihr großer Vorteil ist, dass sie lange Jahre praktisch wartungs- und kostenfrei arbeiten, wenn sie einmal installiert sind. Der Nachteil der Solarzellen betrifft die Speicherung der gewonnenen Energie: Sie liefern Strom nur tagsüber, also ausgerechnet dann, wenn Haushalte besonders wenig elektrische Energie benötigen.

Ein anderer Weg ist, Biomasse aus Pflanzen oder Algen als

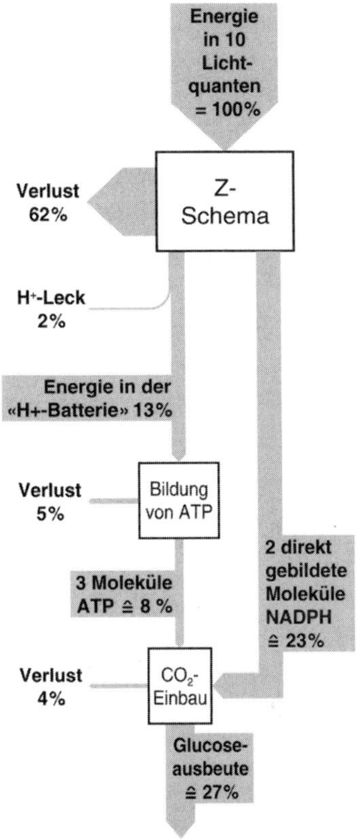

Abbildung 6.4: Der Wirkungsgrad der Photosynthese

Energiequelle zu nutzen, die durch Sonnenlicht regeneriert werden kann. Das Stichwort «Biodiesel» ist in aller Munde, aber dabei wird oft eines übersehen: Gut nutzbare Anteile, wie etwa das Öl beim Raps, machen immer nur einen Bruchteil der pflanzlichen Biomasse aus; die Hauptmenge entfällt auf holzige Anteile, mit denen sich gegenwärtig kaum etwas anfangen lässt. Besonders interessant ist deshalb die Nutzung von Wasserstoff, den Cyanobakterien und Algen mit Hilfe von Sonnenlicht bilden können, anstelle der Bildung von NADPH. Der Rohstoff Wasser steht unbegrenzt zur Verfügung, und die Verbrennung von Wasserstoff – im Gegensatz etwa zum Biodiesel aus Raps – erzeugt kein CO_2.

Zwischen den vollkommen natürlichen Systemen, also Pflanzen, Algen, Cyanobakterien, und den vollkommen künstlichen Solarzellen gibt es noch ein Zwischenreich aus Systemen, die die biologische Photosynthese nachahmen, aber sich auf das Wesentliche beschränken und ohne lebende Organismen auskommen; man spricht von *künstlicher Photosynthese*. Auch hier ist das Fernziel die lichtgetriebene Erzeugung von Wasserstoff.

Doch auch Wasserstoff hat so seine Probleme. So ist zum Beispiel das Betanken von Wasserstoffautos deutlich aufwendiger als bei Fahrzeugen mit herkömmlichen Kraftstoffen; auch die gegenwärtigen Methoden zur Speicherung und zum Transport von Wasserstoff sind noch nicht optimal. Man muss kein Prophet sein, um vorherzusagen, dass die Energieversorgung der Zukunft auf einer kombinierten Strategie beruhen wird, die verschiedene Ansätze gleichzeitig nutzt.

FAZIT: **Photosynthetische Proteinkomplexe enthalten große Mengen an Chlorophyllmolekülen und anderen Pigmenten, um Sonnenlicht zu ernten. Dabei musste die Evolution sicherstellen, dass die Photosynthesemaschinerie einerseits ausreichend mit Licht versorgt, andererseits aber nicht durch zu hohe Lichtstärke beschädigt wird. Unter Freilandbedingungen nutzt eine Pflanze nur einen Bruchteil des eingestrahlten Sonnenlichts, um am Ende Biomasse aufzubauen. Diese schlechte Effizienz wird dadurch aufgewogen, dass Sonnenlicht als kostenlose Energiequelle überall auf der Erde zur Verfügung steht. Gegenwärtig wird daran gearbeitet, dieses Konzept auch technisch zu nutzen, zum Beispiel durch die Erzeugung von Wasserstoff mittels Solarenergie.**

6.3 Es geht auch anders

Atmung benötigt Sauerstoff, der erst seit der Erfindung der Photosynthese vorkommt – also war ja wohl in der Evolution zuerst die Photosynthese da, und dann kam die Atmung. Diese Argumentation wirkt logisch und war lange Zeit allgemein akzeptiert. Es gibt aber auch gewichtige Argumente für den umgekehrten Ablauf, wie er 1995 in der «respiration first hypothesis» von Jose Castresana und seinen Kollegen vorgeschlagen wurde.

Der hohe Sauerstoffgehalt der heutigen Atmosphäre ist nämlich keine zwingende Voraussetzung für Atmung, da bei vielen Lebewesen auch andere Stoffe die Elektronen am Ende der Atmungskette aufnehmen können. Atmungsketten, die dem Schema in Abbildung 5.2 (Seite 111) ähneln, haben obendrein nicht nur Eukaryonten, sondern auch praktisch alle Bakterien und Archäen. ↗ **Bakterien und Archäen: Abschnitt 3.1** Solche Atmungsketten sind deshalb vermutlich ein sehr altes Merkmal, das bereits beim letzten gemeinsamen Vorfahren aller heutigen Lebewesen vorkam. Photosynthese auf der Basis von Chlorophyll auf der anderen Seite hat sich nur bei einigen Bakterien entwickelt und ist deshalb als spätere Erfindung anzusehen. Wie in Abschnitt 6.1 erwähnt, kann man sich vorstellen, dass das Z-Schema auf eine modifizierte Atmungskette zurückgeht.

Gerade eben wurde *Photosynthese auf der Basis von Chlorophyll* betont – es gibt nämlich noch eine zweite, ganz andere Art von Photosynthese: Bei einigen Archäen hat sich unabhängig von der Erfindung der Bakterien die Photosynthese auf der Basis von Retinal entwickelt, einem lipidartigen Molekül. Es bildet das Herzstück eines Proteins mit dem Namen *Bacteriorhodpsin*, was keine glückliche Bezeichnung ist: Archäen sind eben *keine* Bakterien, doch ihr Photosyntheseprotein hat seinen Namen zu einer Zeit bekommen, als das noch nicht klar war, und die korrektere Bezeichnung Archäorhodopsin hat sich nicht durchgesetzt.

Struktur und Funktion von Bacteriorhodopsin sind gut bekannt (Abbildung 6.5); es ist ein Lieblingsprotein der Biophysiker, weil es ein kleines und robustes Molekül ist, das sich in großer Menge isolieren lässt.

Das Bacteriorhodopsin arbeitet als lichtgetriebene Pumpe für Wasserstoffionen; für jedes aufgenommene Lichtquant kann ein Ion gepumpt werden. Das Retinal (dunkelgrau dargestellt) sitzt in der Mitte des Proteins; es ragt in den zentralen Kanal, durch den die Ionen wandern. Einige schwarz dargestellte Aminosäuren sind dabei kritisch für die Funktion, es handelt sich um ein Glutamat und drei Aspartate. Glutamat und Aspartat sind negativ geladene Aminosäuren, die ideal geeignet sind, um die positiv geladenen Wasserstoffionen zu binden. Nach der Aufnahme eines Lichtquants ändert sich als Erstes die Struktur von Retinal, es knickt ab und kann daraufhin ein Wasserstoffion an das Aspartat Nummer 85 abgeben (die Nummern beziehen sich auf die Positionen der Aminosäuren innerhalb der Proteinkette). Glutamat 204 gibt als Nächstes sein Wasserstoffion nach außen ab, während Retinal ein neues Ion von Aspartat 96 erhält. Anschließend wandert ein Wasserstoffion von Aspartat 38 zu Aspartat 96; die entstandene Lücke wird durch ein Ion aus dem Cytosol aufgefüllt. Schließlich wandert ein weiteres Wasserstoffion von Aspartat 85 zu Glutamat 204, und das Retinal nimmt seine alte Form an. Damit ist der Ausgangszustand wiederhergestellt, und die Pumpe ist bereit für das nächste Lichtquant. Pro Sekunde können 200 solcher Zyklen ablaufen; in der Bilanz wird in jeder Runde ein Wasserstoffion auf der Außenseite der Membran freigesetzt, während innen auf der Cytosolseite eines aufgenommen wird.

Wenn die gepumpten Wasserstoffionen zurück in die Zelle fließen, dann passieren sie eine ATP-Synthase und treiben so die Bildung von ATP an; das ist dasselbe Prinzip wie bei der Atmung oder der Photosynthese auf Chlorophyllbasis. Der Wirkungsgrad

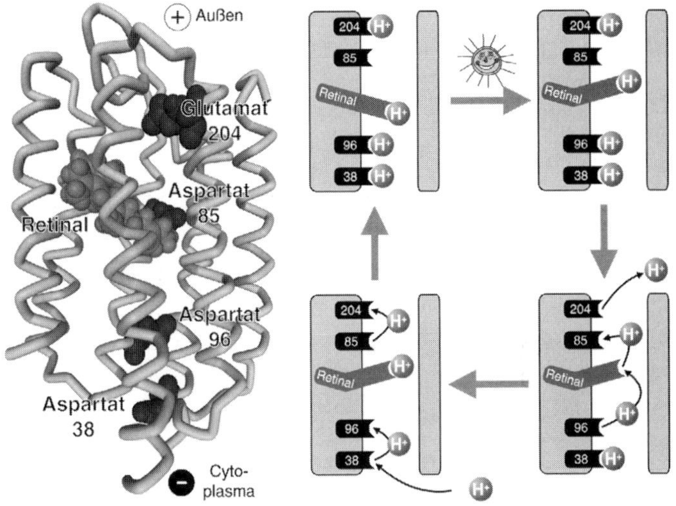

Abbildung 6.5: Mal was anderes – «Bacterio»rhodopsin, das Photosyntheseprotein der Archäen

von Bacteriorhodopsin ist allerdings noch deutlich schlechter als beim Z-Schema. Wenn man in Analogie zu Abbildung 6.4 die Ausbeute durchrechnet, dann ergibt sich, dass weniger als zehn Prozent der aufgenommenen Lichtenergie in gebildetem ATP auftauchen. Das könnte ein Grund für den beschränkten evolutionären Erfolg der Retinalphotosynthese sein: Die betreffenden Arten sind erfolgreich in extrem salzhaltigen Lebensräumen wie dem Toten Meer, doch generell ist die Welt grün von Chlorophyll – und nicht purpurn von Retinal.

Durch Genverdoppelung sind bei den Archäen noch weitere retinalhaltige Eiweiße entstanden, die nach demselben Prinzip funktionieren: Halorhodopsin pumpt keine Wasserstoffionen, sondern Chloridionen und dient der Anpassung an die extreme

Salinität. Daneben gibt es die Sensorrhodopsine, die zur Messung der Lichtstärke verwendet werden, sodass die Zellen sich in Bereichen mit optimalen Lichtverhältnissen bewegen können.

↗ **Genverdoppelung: Abschnitt 3.4**

Nun klingt «Retinal» nach Retina, also der Netzhaut des Auges, und der Wortbestandteil «Opsin» klingt irgendwie nach Sehen. Das ist kein Zufall, denn diese Komponenten wurden tatsächlich zuerst in den Augen der Tiere entdeckt. Tiere und Eukaryonten überhaupt sind ja aus Anteilen von Bakterien und Archäen zusammengesetzt, und die retinalhaltigen Proteine zum Detektieren von Licht scheinen tatsächlich Erbe der Archäen zu sein, das sich in unserer Biochemie bis heute erhalten hat. Deshalb werden wir in Kapitel 8, bei der Darstellung des Sehvorganges, dem Retinalprotein Rhodopsin begegnen, das dem Bacteriorhopsin in vieler Hinsicht gleicht.

FAZIT: **Unabhängig von der Chlorophyll-Photosynthese der Bakterien und Eukaryonten hat sich bei einigen Archäen die Retinal-Photosynthese entwickelt. Das retinalhaltige Bacteriorhodopsin ist eine lichtgetriebene Pumpe für Wasserstoffionen, die letztlich die Bildung von ATP mit Hilfe von Sonnenlicht ermöglicht. Diese Form der Photosynthese war zwar insgesamt nicht sehr erfolgreich, aber andererseits sind Retinalproteine gut zur Messung der Lichtstärke geeignet, man begegnet ihnen daher auch in den Augen der Tiere.**

7 Motoren und Turbinen

Die Prozyten sind vernunftbegabte Wesen und sehen uns ähnlich; der einzige, übrigens geringfügige Unterschied besteht darin, daß ihre Beine nur bis an die Knie reichen, darunter haben sie Rädchen, die nicht etwa künstlich sind, sondern wirklich einen Teil des Körpers darstellen. Die Prozyten bewegen sich also sehr geschwind und anmutsvoll daher, Varietéstars und Einrädern vergleichbar. Stanisław Lem, *Sterntagebücher, Fünfundzwanzigste Reise*

7.1 Mit Professor Yoshida im Fitnessstudio

Dieses Kapitel beginnen wir mit etwas Sport: Strecken Sie die Arme seitlich vom Körper, sodass die Handflächen nach unten zeigen. Nun lassen Sie die Arme kreisen, wobei die Fingerspitzen einen Kreis beschreiben. Der Haken an der Sache: Es handelt sich nur um ein *scheinbares* Kreisen, aber nicht um eine echte Rotation um 360 Grad. Das merkt man schon daran, dass die Handfläche bei dieser Übung die ganze Zeit nach unten zeigt. Bei einer echten Rotation müsste sie sich mitdrehen, sodass sie abwechselnd nach unten, nach vorne, nach oben und nach hinten zeigt. (Das können Sie gerne versuchen, Verlag und Autor übernehmen aber keine Haftung für Verletzungen, die Sie sich dabei zufügen.)

Die «Drehung» des Arms ist eigentlich eine Mischung aus *Dreh*- und *Kipp*bewegungen. Menschliche Gelenke können überhaupt keine kompletten Kreisbewegungen ausführen. Mehr noch: Während unbeschränkte Rotationsbewegungen in der *unbelebten* Natur häufig vorkommen (zum Beispiel bei der Erdrotation) und in der menschlichen Technik erst recht, findet man sie in der Welt der Organismen generell nicht.

Genauer gesagt findet man solche Rotation *nicht auf der makroskopischen Ebene* der Organe und Gewebe. In der Nanowelt der Moleküle hat nämlich die Evolution gleich mehrmals Motoren erfunden, bei denen sich ein Teil (der Rotor) relativ zu einem anderen (dem feststehenden Stator) drehen kann. Ein Beispiel, die Erbgut-Stopfmaschine von Viren, wurde schon in Abbildung 2.5 präsentiert.

In den Kapiteln 5 und 6 wurde erklärt, dass bei Atmung und Photosynthese Wasserstoffionen über spezielle Membranen gepumpt werden; anschließend fließen diese Ionen zurück und treiben die Bildung von ATP an. ↗ **H^+-Ionen bei Atmung und Photosynthese: Abschnitt 5.1 und 6.1** Das passiert in einem Eiweißkomplex, der in der Atmungskette als «Komplex V» vorgestellt wurde, eine andere Bezeichnung ist *ATP-Synthase*. Diese ATP-Synthase funktioniert wie eine Turbine (Abbildung 7.1 oben links). Sie setzt sich aus einem Rotor (dunkelgrau) und einem Stator (hellgrau) zusammen; Letzterer ist in der Membran verankert und hat auf beiden Seiten der Membran einen Ein- und Auslass für die Wasserstoffionen. Auf jener Seite, auf der die H^+-Ionen in konzentrierter Form vorliegen, gelangen sie durch den Einlass im Stator auf den Membranteil des Rotors. Dieser rotiert, und die Wasserstoffionen fahren auf dem Rotor eine Runde Karussell, bis sie zum Auslass im Stator gelangen und auf der anderen Membranseite freigesetzt werden. So, wie das Schaufelrad einer Dampfturbine durch einen Strom von heißem Wasserdampf bewegt wird, so wird der Rotor der ATP-Synthase durch einen Strom von Wasserstoffionen angetrieben.

Die eigentliche ATP-Bildung ist davon räumlich getrennt (Abbildung 7.1 unten rechts; es handelt sich um eine Aufsicht des Kopfteils). Der Stator besitzt im oberen Teil drei Bindungsplätze, die zyklisch verschiedene Zustände durchlaufen:

1) Eine offene Bindungstasche entlässt fertiges ATP ins Freie und kann ADP und Phosphat (P) binden.

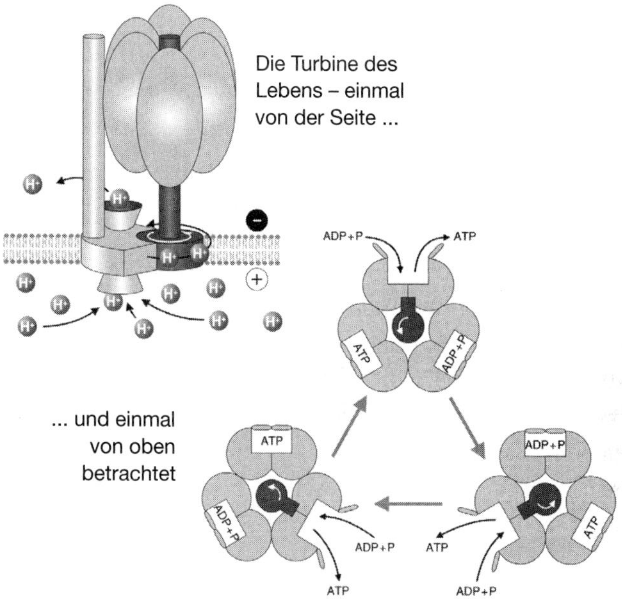

Abbildung 7.1: Die ATP-Synthase bei der Arbeit; links der gesamte Komplex in Seitenansicht, rechts der Kopfteil von oben gesehen

2) Die Bindungstasche schließt sich.
3) In der geschlossenen Tasche werden ADP + P zu ATP umgewandelt; anschließend öffnet sich die Tasche … weiter unter 1).

Die drei Bindungsplätze arbeiten parallel zueinander, aber jeweils um einen Drittelzyklus gegeneinander versetzt. Angetrieben werden diese Vorgänge durch die Drehung des Rotors, der mit einer «Nase» mechanisch Energie überträgt. Die Abfolge der einzelnen Stadien in Abbildung 7.1 rechts ist im Uhrzeigersinn zu lesen, wobei sich allerdings der Rotor *entgegen* dem Uhrzeigersinn dreht. Die ATP-Synthase bildet maximal 400 ATP-Moleküle pro Sekunde; das entspricht 400/3 = 133 Umdrehungen pro Sekunde oder 8000 UPM (was für einen herkömmlichen Automotor eindeutig schon im roten Bereich wäre).

Und woher weiß man das alles? Die Aufklärung der Vorgänge an der ATP-Synthase war aus mehreren Gründen eine Herausforderung: Erstens wegen der grundlegenden biologischen Bedeutung – Enzyme dieses Typs kommen bei allen Lebewesen vor, und das meiste ATP in der gesamten Biosphäre wird so gebildet. Zweitens ist die ATP-Synthase ziemlich groß und sitzt obendrein in der Membran, beides erschwert die Aufklärung von Struktur und Mechanismus bei Eiweißen. Und drittens benötigte man ja, nachdem konventionelle Erklärungsversuche fehlgeschlagen waren, eine völlig neue Theorie, um die Vorgänge an der ATP-Synthase überhaupt zu verstehen. ↗ **Peter Mitchell und die Chemiosmotische Theorie: Abschnitt 5.2** Der zyklische Mechanismus (Abbildung 7.1 rechts), bei dem drei gleichartige Bindungsplätze nacheinander dieselben Zustände durchlaufen, wurde bereits 1977 von Paul Boyer (Los Angeles) vorgeschlagen. Ein solches Zusammenkoppeln mehrerer identischer Einheiten kommt häufig vor, es sei an das Photosystem I aus Cyanobakterien erinnert (mit ebenfalls drei Modulen, Abbildung 6.3). Ein weiterer wichtiger Schritt war 1994 die Aufklärung eines Teils der Enzymstruktur durch John Walker (Cambridge).

Boyer und Walker erhielten den Nobelpreis im Jahr 1997, und die Mitte der neunziger Jahre war generell ein goldenes Zeitalter der ATP-Synthase-Forschung: In den Jahren 1996–1997 erbrachten drei verschiedene Arbeitsgruppen die ersten Belege für die Rotation im Eiweißkomplex, und zwar die Teams von Richard Cross (Ithaka/NY), Wolfgang Junge (Osnabrück) und Masasuke Yoshida (Yokohama), wobei der Ansatz der japanischen Forscher der spektakulärste war. Die ATP-Synthase ist mit einem Durchmesser von zehn Nanometern viel zu klein, um sie unter dem Lichtmikroskop zu studieren, doch durch eine raffinierte Markierung mit anderen großen Eiweißgebilden und Farbstoffen haben Yoshida und seine Mitarbeiter es geschafft, die Rotation *direkt sichtbar* zu machen. Der staunende Betrachter kann dabei mit eigenen Augen und in Echtzeit zusehen, wie eine molekulare Maschine arbeitet; auf einer Website kann man sich das als Videofilm ansehen (siehe Links am Ende des Buches). Nach einem verbreiteten Klischee sind Japaner zurückhaltend und verschlossen, aber zumindest auf Yoshida trifft das nicht zu: Er hält seine Vorträge in einem lebhaften, humorvollen Stil und unter vollem Körpereinsatz; den nachdrücklichen Hinweis auf die nur *scheinbare* freie Drehbarkeit des menschlichen Arms habe ich von ihm entlehnt.

Die Drehung des Rotors entsteht vermutlich durch das Wärmegezappel der Moleküle: Der Rotor wackelt vorwärts und rückwärts, netto bewegt er sich allerdings in eine Richtung und bewirkt so die Rotation, die zur Bildung von ATP benötigt wird. Wegen dieser Ausnutzung der Molekularbewegung wird die ATP-Synthase, zusammen mit einer Reihe anderer molekularer Maschinen, auch als *Brown'scher Motor* bezeichnet, unter Bezug

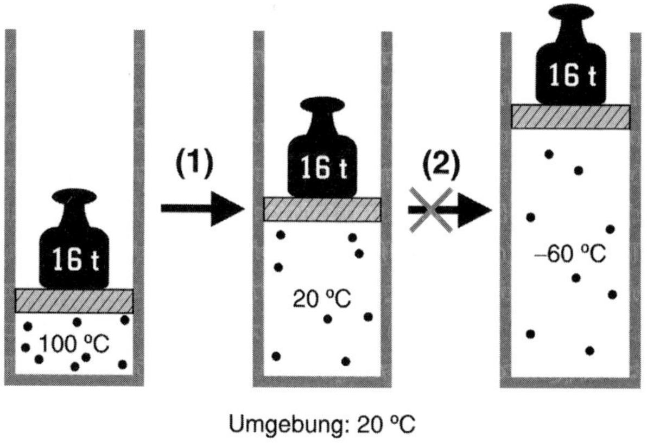

Abbildung 7.2: Ein Gedankenexperiment zum Zweiten Hauptsatz der Thermodynamik

auf den «Erfinder» der Molekularbewegung. ↗ **Robert Brown und die Wärmebewegung: Abschnitt 2.3** Wortwörtlich ausgelegt, würde das allerdings bedeuten, dass die ATP-Synthase die Beschränkungen des Zweiten Hauptsatzes der Thermodynamik umgeht – ein echtes Mirakel.

Sehen wir uns dazu in Abbildung 7.2 ein Gedankenexperiment an. Ganz links im Bild befindet sich ein heißes Gas in einem Zylinder; es dehnt sich aus (Schritt 1) und verrichtet dabei Arbeit, indem ein Gewicht angehoben wird. Triebkraft dieses Vorgangs ist die Temperaturdifferenz zwischen Gas und Umgebung. Spätestens dann, wenn das Gas sich bis auf Umgebungstemperatur abgekühlt hat, muss der Vorgang zum Stillstand kommen (Abbildung 7.2 Mitte). Solch ein Prozess ist nicht nur denkbar, er findet auch täglich Anwendung, etwa in Verbrennungsmotoren, wo heiße Verbrennungsgase sich ausdehnen und dabei Arbeit verrichten. Doch warum kann sich das Gas eigentlich nicht spontan noch weiter ausdehnen (Schritt 2), wobei es noch mehr Arbeit verrichtet und dabei noch weiter – *unter* die Umgebungstemperatur – abkühlt? Nach dem Ersten Hauptsatz, der die Erhaltung der Gesamtenergie beschreibt, wäre Schritt 2 genauso zulässig wie Schritt 1. Doch unsere Alltagserfahrung sagt uns, dass Schritt 2 oder ähnliche Vorgänge niemals vorkommen, und genau dies ist eine Konsequenz des Zweiten Hauptsatzes: Wenn ein Wärmegleichgewicht besteht, wie im Fall der identischen Temperaturen innen und außen beim Zylinder von Abbildung 7.2, dann kann die Wärmebewegung der Moleküle sich nicht spontan in andere, nutzbare Energieformen zurückverwandeln. Genau das würde aber passieren, wenn die ATP-Synthase spontan die Wärmebewegung von Molekülen nutzen könnte, um damit ATP zu bilden. Das entspräche der verbotenen Umwandlung von Wärme in Arbeit in Schritt 2 aus Abbildung 7.2.

Was also ist hier los? Ich habe aus gutem Grund mehrfach das Wörtchen «spontan» verwendet: Der Zweite Hauptsatz verbietet nur die *spontane* Umwandlung von wertloser Wärme in wertvolle Nutzarbeit. Wenn es jedoch *noch eine weitere Veränderung* im System gibt, wenn eine zusätzliche Triebkraft zur Verfügung steht, dann ändert sich das Bild. Im Fall der ATP-Synthase ist es das Konzentrationsgefälle der Wasserstoffionen, das beim Fluss dieser Ionen durch das Enzym abgebaut wird. Darin steckt letztlich die Triebkraft, die die Ausnutzung der ungeordneten Wärmebewegung für ATP-Bildung ermöglicht. Und dieses Konzentrationsgefälle muss seinerseits unter Energieaufwand regeneriert werden. Damit ist die Welt wieder in Ordnung, und den Forderungen von Erstem *und* Zweitem Hauptsatz ist Genüge getan. Die Wasserstoffionen haben dabei die Funktion eines Gleichrichters, der das zufällige Vorwärts- und Rückwärtsgezappel des Rotors in eine einheitliche Richtung zwingt.

Der experimentelle Nachweis der Rotation während der ATP-Bildung war zwar recht schwierig, aber andererseits war in theo-

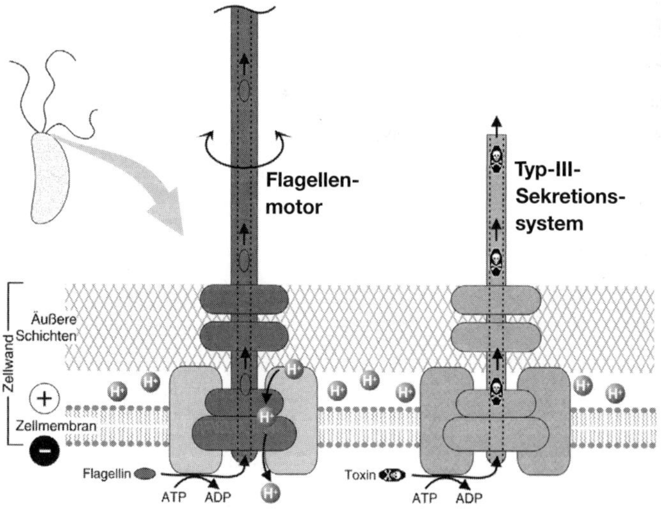

Abbildung 7.3: Vom Motor zur Giftspritze – ein Bakterium kennt keine Moral

retischer Hinsicht der Boden schon vorbereitet, weil es noch eine weitere molekulare Rotationsmaschine gibt, bei der das Prinzip von Rotor und Stator schon seit längerem bekannt ist: Der *Flagellenmotor* der Bakterien funktioniert nach demselben Prinzip. Viele Bakterien bewegen sich mit Hilfe von Flagellen, also Geißeln, die aber – anders, als der Name vermuten lässt – nicht hin und her schlagen, sondern sich an der Basis drehen (Abbildung 7.3 links). Im Gegensatz zur ATP-Synthase, die ihre Geheimnisse erst vor relativ kurzer Zeit preisgegeben hat, ist die Rotation bei den Flagellen bereits 1973 von den amerikanischen Wissenschaftlern Howard Berg und Robert Anderson aufgeklärt worden. Der Flagellenmotor ist mit seinem Stator (hellgrau) in der Zellwand der Bakterien verankert. ↗ **Zellwand: Abschnitt 3.1** Der Rotor (dunkelgrau) enthält wiederum in Analogie zur Turbine ein «Schaufelrad», das durch einen Strom von Wasserstoffionen angetrieben wird. Der äußere Teil des Rotors ist die Geißel, die mehrere Mikrometer lang sein kann und damit länger als die Zelle selber. Der eigentliche Motor in der Zellwand ist mit einem Durchmesser von 100 Nanometern viel größer als die ATP-Synthase, und es gibt auch sonst keine Gemeinsamkeiten der Proteine. Dasselbe physikalische Prinzip der Rotation, die durch einen Fluss von H^+-Ionen angetrieben wird, ist zweimal unabhängig in der Evolution aufgetaucht.

Biologische Maschinen unterscheiden sich von technischen in verschiedenen Punkten, und einer davon betrifft den Zusammenbau: Autos beispielsweise bauen sich nicht selbst zusammen. Die Maschinerie der Zelle hingegen baut sich alleine zusammen und obendrein *bei laufendem Betrieb*: Die Zelle kann kein Schild «Wegen Umbau geschlossen» an die Ladentür hängen. Dieser Aspekt kann an den Flagellen besonders gut aufgezeigt werden. Sie bestehen aus dem Eiweiß Flagellin, das jeweils am äußeren Ende der Geißeln angefügt wird. Einzelne Flagellinmoleküle werde dafür im hohlen Inneren der Geißel Richtung Spitze transportiert. Das kostet Energie, die (wie so oft) durch Spaltung von ATP gewonnen wird. Die Flagelle und der dazugehörige Motor sind also zwei Maschinen in einem: zum einen der Antrieb der Zelle, der durch Wasserstoffionen angetrieben wird, zum anderen die Transportmaschinerie, die ATP-getrieben Flagellinmoleküle nach außen befördert.

Einige Bakterien haben allerdings diese schöne Idee auf das schamloseste pervertiert. Es gibt nämlich eine Reihe bakterieller Krankheitserreger, die in die Zellen ihrer Opfer Giftstoffe injizieren. Die dafür nötigen molekularen Injektionsnadeln haben sich mehrfach entwickelt, man kennt vier verschiedene Typen solcher Sekretionssysteme. Eines davon, der Typ III, leitet sich direkt vom Flagellenmotor ab (Abbildung 7.3 rechts): Die Rotation wurde abgeschafft, alle Teile sind jetzt statisch, und es gibt keine Leitung von Wasserstoffionen mehr. Gleichzeitig wurde die Flagelle auf einen Bruchteil der ursprünglichen Länge verkürzt, und der ATP-getriebene Eiweißtransport befördert nun die jeweiligen Giftstoffe anstelle des Flagellins. Verwendet wird diese molekulare Waffe etwa von den Salmonellen, aber auch vom Erreger der Pest. Das ist zwar für uns nicht angenehm, aber andererseits haben wir hier ein weiteres Beispiel dafür, wie in der Evolution durch geringe Abwandlungen bestehender Strukturen ganz neue Funktionen entstehen können.

FAZIT: **Echte Rotation, bei der sich ein Teil einer Maschine relativ zu einem anderen, fest stehenden dreht, kommt in der Welt der Lebewesen selten vor; man kennt nur wenige Beispiele. Seit rund 30 Jahren bekannt ist der Antrieb von Bakterien: Die Geißeln drehen sich, wobei sie von einem Motor in der Zellwand angetrieben werden. Ein zweites Beispiel ist die ATP-Synthase. Hier wurde die Rotation ebenfalls schon länger vermutet, aber erst vor rund zehn Jahren nachgewiesen. Dieser Enzymkomplex bildet den Großteil des gesamten ATP in der Biosphä-**

re. In beiden Fällen wird die Rotation von einem Strom von Wasserstoffionen angetrieben, die in einem energetischen Bergabvorgang auf die Seite der Membran fließen, auf der sie in geringerer Konzentration vorkommen.

7.2 Moleküle auf der Autobahn

Wie der Körper insgesamt, so hat auch die einzelne Zelle ein Skelett, aber es besteht nicht aus mineralischer Knochensubstanz, sondern aus verschiedenen Eiweißen. Eine wichtige Komponente sind die *Intermediärfilamente*, die zum Beispiel unsere Zellen stabilisieren und vor zu starker Deformation schützen. Zwei andere wesentliche Bestandteile des Zellskeletts sind die *Actinfilamente*, die sich aus vielen einzelnen Actinmolekülen zusammensetzen, und die *Mikrotubuli*, die aus Tubulin aufgebaut sind. Actinfilamente haben einen Durchmesser von sieben Nanometern, Mikrotubuli sind viermal dicker. Die Bestandteile des Zellskeletts stellen einen erheblichen Anteil des gesamten Proteins in der Zelle; allein Actin macht 15 Prozent des Zellproteins aus, und auf andere Komponenten, die an Actin binden, entfallen weitere zehn Prozent. Einen Eindruck davon, wie das Zellskelett sich in der Zelle breitmacht, gab bereits Abbildung 2.8. Neben anderen Strukturen sind in dieser elektronenmikroskopischen Darstellung jede Menge lang gestreckte Actinfilamente zu sehen.

In Kapitel 2 wurde gesagt, dass sich das Zellinnere durch seinen hohen Eiweißgehalt wie ein Pudding verhält. Das ist nicht nur respektlos, sondern obendrein nur teilweise korrekt: Ein gewöhnliches Gel wie etwa Götterspeise, Tapetenkleister oder auch Schokoladenpudding enthält mehr oder weniger wirr verknäulte Moleküle. Die Eiweißkomponenten des Zellskeletts hingegen sind in ganz spezieller Weise *organisiert*. (Ihr Stichwort,

Herr de La Mettrie! – Vergleiche Kapitel 1.) Und obendrein ist das Zellskelett ein *dynamisches* Gebilde, an dem ständig verschiedene Prozesse ablaufen, darunter viele, die Energie benötigen.

Denn das Zellskelett sorgt nicht nur passiv für die Stabilität der Zelle, es ist auch an einer Vielzahl von Bewegungen beteiligt. Amöben und viele andere Zellen können sich beispielsweise mit Hilfe des Zellskeletts durch Kriechen fortbewegen. Andere eukaryontische Zellen bewegen sich schwimmend durch Geißeln und Wimpern, die tatsächlich hin und her schlagen (im Gegensatz zu den rotierenden «Geißeln» der Bakterien, die eher Schiffsschrauben sind). Dieses Antriebssystem benutzen zum Beispiel Spermien bei ihrem Wettschwimmen Richtung Eizelle.

Außerdem erfüllt das Zellskelett vielfältige Transportaufgaben *innerhalb* der Zelle. So wird etwa bei jeder Zellteilung das Erbgut auf die beiden entstehenden Tochterzellen aufgeteilt. Das Zellskelett erledigt diese Aufgabe meist mit bewundernswerter Präzision: Schließlich soll jede Tochterzelle *genau einen vollständigen Satz* aller Chromosomen erhalten, nicht mehr und erst recht nicht weniger! Manchmal passieren dennoch Fehler beim Sortieren, und das kann besonders dann gravierende Konsequenzen haben, wenn die betreffende Zelle eine Keimzelle ist. Der häufigste derartige Fehler beim Menschen ist die Trisomie 21, bei der Chromosom Nummer 21 in drei statt in zwei Exemplaren vorliegt (auch Down-Syndrom genannt); die Auswirkungen sind noch vergleichsweise milde. Die meisten solcher Sortierfehler verursachen allerdings erhebliche Störungen, und sie gehören auch zu den wichtigsten Gründen für Fehlgeburten in frühen Schwangerschaftsstadien.

Einen der Mechanismen, mit denen am Zellskelett Bewegung erzeugt wird, wollen wir näher ansehen (Abbildung 7.4). Es gibt molekulare Motoren, die sich unter ATP-Verbrauch an den langen, fadenförmigen Strukturen entlangbewegen können. Im Fall der Mikrotubuli ist in Abbildung 7.4 ein Eiweiß namens Kinesin

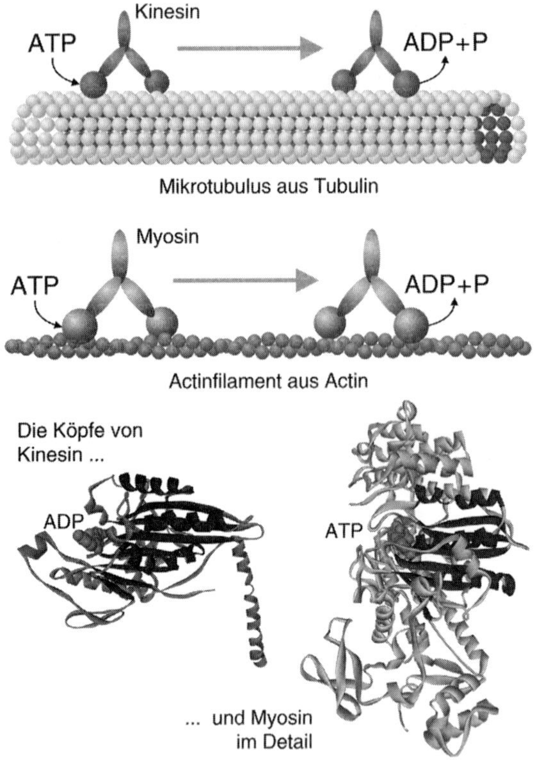

Abbildung 7.4: Moleküle auf Wanderschaft: die Motoren des Zellskeletts

gezeigt, für die Actinfilamente ein anderer Motor namens Myosin. Kinesin und Myosin können verschiedene Lasten «huckepack» nehmen und in der Zelle transportieren. Manche dieser Lasten sind ziemlich groß, selbst ganze Mitochondrien können auf diese Weise in der Zelle verschoben werden.

Beide Motorproteine haben jeweils zwei Köpfe, die sowohl die Bindung an Mikrotubuli bzw. Actinfilamente als auch die ATP-Spaltung bewerkstelligen. Der genaue Ablauf war lange umstritten, aber inzwischen gilt als sicher, dass sich beide Proteine nach dem so genannten «Hand-over-hand-Mechanismus» bewegen. Der hintere der beiden Köpfe löst sich dabei ab, bewegt sich nach vorne und dockt dann vor dem anderen wieder an, ungefähr so, wie wenn jemand an einem gespannten Seil entlanghangelt. Die Schrittweiten liegen dabei, je nach Kinesin- oder Myosintyp, im Bereich von einigen Nanometern. Die erreichten Geschwindigkeiten hängen von der Größe der Last ab; für Kinesin beträgt sie maximal 800 Nanometer pro Sekunde, geht aber bei großen Lasten rasch gegen null. Für ein Formel-1-Rennen reicht diese Geschwindigkeit nicht aus, aber in einem anderen Punkt sind die Motorproteine einem Automotor deutlich überlegen. Ein Pkw-Motor hat eine Leistung in der Größenordnung von 150 PS oder 200 Kilowatt und eine Masse von 200 Kilogramm, das macht eine spezifische Leistung von einem Watt pro Gramm. Ein einzelner Kinesinkopf hat zwar nur eine Leistung von 3×10^{-18} Watt, aber wegen seiner winzigen Größe ergibt das eine spezifische Leistung von rund 48 Watt pro Gramm. Ein Automotor aus reinem Kinesin hätte also mehr als 7000 PS – doch das Umrüsten ist nicht ratsam, selbst wenn die Ölpreise noch weiter steigen: Bereits für kurze Strecken würde man ATP im Wert von vielen tausend Euro verfahren ...

In ihrer Größe und in der Abfolge der einzelnen Aminosäuren haben Kinesin und Myosin auf den ersten Blick keine Gemeinsamkeiten, und so schien hier wieder der Fall vorzuliegen, dass die Evolution zweimal unabhängig dasselbe Prinzip erfunden hat. Deshalb war es eine Überraschung, als Ende der neunziger Jahre detaillierte Strukturen für beide Motoren bekannt wurden. Einige Bereiche der Köpfe erwiesen sich nämlich als sehr ähnlich, darunter auch die Stellen, wo ATP gebunden und zu ADP abgebaut wird; diese Regionen sind in Abbildung 7.4 unten jeweils dunkel hervorgehoben. Inzwischen geht man von einem gemeinsamen Ursprung der beiden Motorproteine aus. ↗ **Entstehung neuer Proteine durch Genverdoppelung: Abschnitt 3.4**

Kinesin und Myosin verrichten also Arbeit und verbrauchen ATP. Eine genauere Analyse ergibt, dass auch diese beiden Motorproteine als Brown'sche Motoren funktionieren: Sie wandeln ungeordnete Wärmebewegung in gerichtete Bewegung um, was nur deshalb nicht gegen den Zweiten Hauptsatz verstößt, weil noch eine weitere Veränderung (in diesem Fall ATP-Verbrauch) eintritt. Kinesin und Myosin zappeln also zufällig umher – im Prinzip handelt es sich um eine Diffusion entlang der Strukturen des Zellskeletts –, und das ATP hat dabei die Funktion des Gleichrichters. ↗ **Diffusion als ungerichtete Bewegung von Molekülen: Abschnitt 2.1 und 2.3**

Kinesin und Myosin sind eben molekulare Maschinen, die nur teilweise in Analogie zu makroskopischen Maschinen verstanden werden können: In unserer Makrowelt fährt ein Auto nicht von allein, dazu muss es Treibstoff verbrennen. Eine molekulare Maschine hingegen bewegt sich unablässig, und der Treibstoff wird benötigt, damit bei dieser Bewegung auch Arbeit verrichtet werden kann. Das gilt ebenso für die von Wasserstoffionen angetriebene ATP-Synthase und auch für etliche weitere Eiweißmaschinen. Auch die Stopfmaschine aus Abschnitt 2.2, die das Erbgut bestimmter Viren in die dazugehörigen Hüllen verpackt, ist ein Beispiel für solche Maschinen.

Lange Zeit galt das Zellskelett als ein typisch eukaryontisches Merkmal, das man nicht bei Prokaryonten, also Bakterien und Archäen, kannte. Nun fallen biologische Merkmale nicht vom Himmel, und bei allen zellulären Errungenschaften der Eukaryonten stellt sich die Frage, ob sie sich von entsprechenden Vorformen bei den Prokaryonten ableiten lassen. ↗ **Bakterien, Archäen und Eukaryonten: Abschnitt 3.1** Das Zellskelett war in dieser Hinsicht eine besonders harte Nuss: Zum einen ist es ein wichtiges Merkmal der Eukaryonten, zum anderen gab es bei Prokaryonten rein gar nichts, was als mögliche Vorform infrage gekommen wäre. Das hat sich erst vor einigen Jahren geändert; seit Ende des zwanzigsten Jahrhunderts kennt man Verwandte sowohl von Tubulin als auch von Actin bei Bakterien und Archäen. Damit kann der Ursprung des Zellskeletts bis zu den Prokaryonten zurückverfolgt werden. Seine früheste Funktion war offensichtlich die Beteiligung an der Zellteilung, insbesondere an der Aufteilung des Erbgutes.

FAZIT: **Das Zellskelett in eukaryontischen Zellen trägt zur Stabilität der Zellen bei, hat aber daneben auch viele andere Funktionen, bei denen es um Transport und die Erzeugung von Bewegung geht. Ein wichtiges Beispiel ist die Bewegung der Chromosomen bei der Zellteilung. Viele derartige Arbeiten werden von ATP-getriebenen molekularen Motoren verrichtet, etwa dem Myosin, das sich an Actinfilamenten entlangbewegt, oder dem Kinesin, das sich an den Mikrotubuli bewegt. Das Zellskelett galt lange als eukaryontisches Merkmal, zu dem keine Gegenstücke bei Bakterien und Archäen bekannt waren; seit einigen Jahren kann man jedoch seinen Ursprung bis zu den Prokaryonten zurückverfolgen.**

8 Mehr Licht!

Nabussan, der sich endlich geliebt wußte, betete sie an, doch sie hatte blaue Augen, und das wurde die Quelle des allergrößten Unglücks. Nach einem sehr alten Gesetz war es den Königen verboten, eine von jenen Frauen zu lieben, die bei den Griechen Boopies hießen. Vor mehr als fünftausend Jahren hatte das Oberhaupt der Bonzen dieses Gesetz erlassen, und nur um sich die Geliebte des ersten Königs anzueignen, hatte der Oberbonze diesen Bannfluch gegen blaue Augen zum Grundgesetz des Staates erhoben. Alle Stände des Reiches wurden bei Nabussan vorstellig und machten ihm Vorhaltungen. In der Öffentlichkeit hieß es, die letzten Tage des Königreiches seien angebrochen, der Gipfel der Ruchlosigkeit sei erreicht und die gesamte Natur von einem unheilvollen Ereignis bedroht. Mit einem Wort: Nabussan, Sohn Nussanabs, liebe zwei große blaue Augen. Die Buckligen, die Finanzeinnehmer, die Bonzen und die Braunäugigen erfüllten das Königreich mit ihren Klagen. Voltaire, *Zadig oder Das Schicksal*

Das Auge gilt als Inbegriff eines besonders komplexen und «hochentwickelten» Organs, und so wird sein Ursprung oft als besonders schwieriger Test für die Erklärungsfähigkeit der Evolutionstheorie angesehen. Bereits Darwin räumte ein: «Die Annahme, daß das Auge mit all seinen unnachahmlichen Einrichtungen … durch die natürliche Zuchtwahl entstanden sei, erscheint, wie ich offen bekenne, als absurd.» Allerdings waren schon zu Darwins Zeiten neben dem komplizierten Wirbeltierauge mit «seinen unnachahmlichen Einrichtungen» wie Linse und Iris auch wesentlich einfacher gebaute Augen von wirbellosen Tieren bekannt, und so kommt Darwin zu dem Schluss, dass eine

Evolution des Auges über viele kleine Schritte durchaus vorstellbar ist.

Diese Evolution über Zwischenschritte kann man inzwischen auch auf der molekularen Ebene gut verfolgen; die Komponenten des Auges sind keineswegs auf unerklärliche Weise aus dem Nichts aufgetaucht. In Abschnitt 3.4 wurde schon erwähnt, dass das alpha-Crystallin, ein wichtiger Baustoff der Linse, sich von einem Eiweiß mit völlig anderer Funktion ableitet. Und die meisten Lebewesen haben zwar keine echten Augen, aber einfache Formen von Lichtsensoren sind weit verbreitet. In Abschnitt 6.3 wurden zum Beispiel die Sensorrhodopsine der Archäen vorgestellt, die den Zellen den Aufenthalt in Zonen mit optimalen Lichtverhältnissen ermöglichen. Für denselben Zweck verwenden auch Algen spezielle Rhodopsine. Landpflanzen hingegen haben andere Lichtsensoren, die *Phytochrome*, und bei Pilzen gibt es die *Cryptochrome*. Diese Eiweiße verwenden, im Gegensatz zu den verschiedenen Rhodopsinen, kein Retinal als lichtempfindliches Bauteil. Das Herzstück der Phyto- und Cryptochrome gehört aber zu einer Farbstoffgruppe, der wir auch schon begegnet sind: Es handelt sich um offenkettige Tetrapyrrole. ↗ **Retinalproteine bei Archäen: Abschnitt 6.3; Tetrapyrrolpigmente: Abschnitt 5.1**

Die Phyto- und Cryptochrome steuern das Wachstum bei Pflanzen und Pilzen, und sie dienen dazu, die innere Uhr der Lebewesen zu stellen. Alle Eukaryonten haben nämlich eine biologische Uhr, die die Lebensvorgänge an die Rhythmen der Umgebung – insbesondere Tag/Nacht und den Wechsel der Jahreszeiten – anpasst. Solche inneren Uhren gehen allerdings nicht perfekt, und so müssen sie durch Signale von außen nachgestellt werden, zum Beispiel durch den regelmäßig wiederkehrenden Sonnenaufgang.

Auch die frühesten mehrzelligen Tiere hatten gleich drei verschiedene Lichtsensoren: zum einen ein Cryptochrom, zum anderen die Retinalproteine Rhodopsin und Melanopsin. Melanopsin bildete später die Grundlage für die Entstehung von Augen bei Wirbellosen wie Insekten oder Kraken. Bei uns Wirbeltieren entwickelte sich das Sehvermögen auf der Basis von Rhodopsin, aber die beiden anderen Lichtsensoren unserer ältesten Ahnen sind auch beim Menschen noch nachweisbar (Cryptochrom hat zwar seine Lichtempfindlichkeit verloren, mischt aber immer noch bei der Steuerung unserer biologischen Uhr mit; Melanopsin wird in speziellen Zellen des Auges gebildet, die an der Steuerung des Tag-Nacht-Rhythmus beteiligt sind). ↗ **Stammbaum der Tiere: Abschnitt 3.1**

Im Folgenden soll es um die molekularen Grundlagen des Sehens bei Wirbeltieren gehen: Wie wird die Bildinformation, die in Form von Lichtquanten im Auge ankommt, in ein Signal verwandelt, das zum Gehirn weitergeleitet und dort registriert werden kann?

In der Netzhaut gibt es 100 bis 120 Millionen Stäbchen und fünf bis sechs Millionen Zapfen; in der Sprache der Digitalkameras haben wir also mehr als 100 Megapixel. Allerdings gelangt die Information von diesen vielen Zellen nicht direkt ins Gehirn; der Sehnerv hat nur einige Millionen Nervenfasern, und bereits in der Netzhaut wird durch raffinierte Verschaltung von Nervenzellen die Bildinformation aufbereitet und komprimiert.

Die Stäbchen sind ungefähr einen Mikrometer dick und 40 Mikrometer lang, sie dienen dem Schwarz-Weiß-Sehen. Das Farbensehen wird von den etwas kürzeren Zapfen ermöglicht, die in drei verschiedenen Typen vorkommen und auf blaues, grünes oder rotes Licht ansprechen. Die grundlegenden Vorgänge sind gleich, und deshalb werden wir uns auf die Stäbchen konzentrieren (Abbildung 8.1). Jede dieser Zellen hat zwei Segmente. Das innere Segment ist der Serviceteil, der alles enthält, was Zellen so zum Leben brauchen: Zellkern, Mitochondrien und so weiter. Das äußere Segment ist der eigentliche Lichtdetektor, hier befinden sich rund 1000 so genannte Disks, flache Scheiben, die

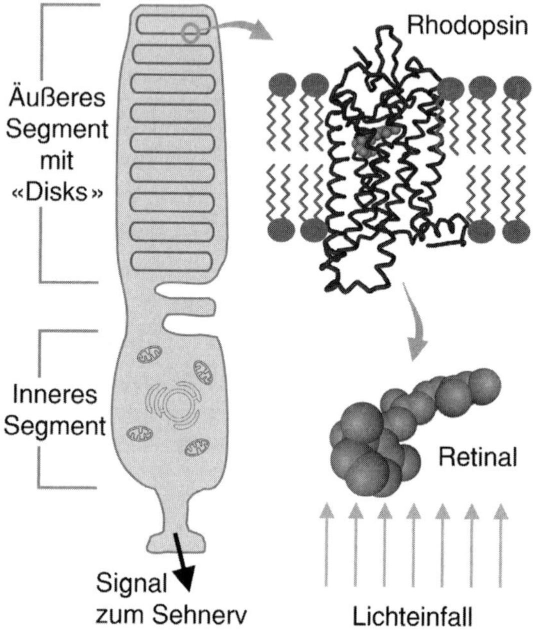

Abbildung 8.1: Die Stäbchen und ihr Lichtsensor, das Rhodopsin

durch Einstülpung der Zellmembran entstehen. Rhodopsin ist, genau wie das in Abschnitt 6.3 besprochene Bacteriorhodopsin, ein Membranprotein, und die Membranen der Disks sind damit vollgestopft: Rhodopsin macht 90 Prozent des gesamten Proteins in den Disks aus. Durch zwei kombinierte Maßnahmen hat die Evolution also sichergestellt, dass jedes Stäbchen möglichst viel Licht einfängt: zum einen durch möglichst viel Rhodopsin pro Membranfläche, zum anderen durch möglichst viel Membranfläche pro Zelle. Das entspricht der Situation in den Chloroplasten, denn bei der Photosynthese geht es ja ebenfalls darum, möglichst effizient das Licht einzufangen, wenn auch für andere Zwecke. ↗ **Lichteinfang bei der Photosynthese: Kapitel 6** Obendrein sind die

Retinalmoleküle im Rhodopsin so orientiert, dass sie ungefähr in der Membranebene liegen und damit dem einfallenden Licht eine möglichst große Fläche darbieten, was die Wahrscheinlichkeit erhöht, dass ein Retinal ein Lichtquant einfängt. In diesen speziellen Punkten zeigt sich die Evolution jeweils als Ingenieurin, die optimale Lösungen gefunden hat.

Andererseits ist gerade das Auge ein Beispiel dafür, wie die Evolution oft als Bastlerin vorgeht, die durch Versuch und Irrtum zu eher seltsamen Lösungen gelangt. Die Stäbchen und Zapfen bilden in der Netzhaut nämlich eine äußere Schicht, die der Pupille *abgewandt* ist. Bevor das Licht also auf die lichtempfindlichen Zellen trifft, muss es sich erst seinen Weg *durch mehrere Schichten lichtunempfindlicher Zellen* bahnen – als Konstruktion nicht gerade eine Meisterleistung. Deshalb ist auch die Darstellung in Abbildung 8.1 so orientiert, dass das Licht von unten kommt und der nicht eingezeichnete Sehnerv sich ebenfalls unterhalb des Stäbchens befände.

Retinal wird aus Vitamin A gebildet, das nur in tierischen Lebensmitteln vorkommt. Diese Vorstufe kann allerdings zur Not auch aus Carotin gebildet werden, und deshalb sind Möhren «gut für die Augen». Retinal, Vitamin A und überhaupt alle Carotinoide gehören übrigens zu der großen Gruppe von Biomolekülen, die aus Isopren aufgebaut werden; diesem Baustein mit fünf Kohlenstoffatomen sind wir bei den Lipiden der Archäenmembran schon begegnet. ↗ **Isopren: Abschnitt 3.2**

Bei Belichtung ändert das Retinal seine Struktur; die Quantenausbeute für diesen Vorgang beträgt im Rhodopsin 65 Prozent. Soll heißen: Von 100 Lichtquanten, die von Retinalmolekülen geschluckt wurden, führen 65 tatsächlich zur Veränderung der Struktur. Diese hohe Ausbeute wird dadurch erreicht, dass die Proteinumgebung die Eigenschaften des Farbstoffes modifiziert; für freies Retinal in Lösung liegt der Wert mit 30 Prozent wesentlich tiefer. Doch was passiert mit dem Rest, mit jenen 35 Prozent der Lichtquanten, die nicht genutzt wurden? Sie werden unter anderem in Form von rotem Licht wieder abgestrahlt, als so genannte Fluoreszenzstrahlung: Der berüchtigte Rote-Augen-Effekt, jene Geißel der Amateurfotografie, kommt so zustande.

Entscheidende Aufschlüsse über die Funktion des Retinals im Rhodopsin kamen von dem amerikanischen Biologen George Wald (1906–1997), der dafür 1967 mit dem Nobelpreis geehrt wurde. Im Jahr 1933 war er als Gastwissenschaftler in Deutschland, doch nach der «Machtergreifung» Hitlers waren die Arbeitsbedingungen für ihn als Juden so schlecht, dass seine Ausreise für Ende des Sommers geplant war. Vorher landete er allerdings durch einen glücklichen Zufall noch den großen wissenschaftlichen Coup: Eine Ladung Frösche wurde während der Sommerferien angeliefert, doch es gab keine Abnehmer dafür, denn alle Froschforscher des Instituts in Heidelberg waren im Urlaub. Wald konnte verhindern, dass die 300 nutzlosen Tiere einfach freigelassen wurden, und mit diesem Untersuchungsmaterial gelang ihm der Durchbruch. Seine Veröffentlichung – ganze zwei Seiten in *Nature* – war in doppelter Hinsicht von Bedeutung: zum einen für das Verständnis des Sehens, zum anderen wegen der Rolle der Retinalvorstufe Vitamin A. Es war das erste Mal, dass man die Funktion eines Vitamins im Stoffwechsel dingfest machen konnte. Denn «Vitamine waren immer noch vollkommen rätselhaft, und zu dieser Zeit erwartete kaum jemand, dass sie direkt an physiologischen Vorgängen beteiligt wären», erinnert sich Wald später in seinem Nobel-Vortrag.

Die lichtinduzierte Strukturänderung des Retinals ist allerdings zunächst eine rein lokale Angelegenheit, und um zu verstehen, wie daraus ein Signal auf der Ebene der ganzen Zelle werden kann, werfen wir einen Blick auf die Abbildungen 8.2 und 8.3. Aktivierung des Rhodopsins durch Belichtung führt nämlich zu einer Reihe von Prozessen, die unter dem Strich die elektrische Spannung an der Zellmembran ändern: Im Licht ist

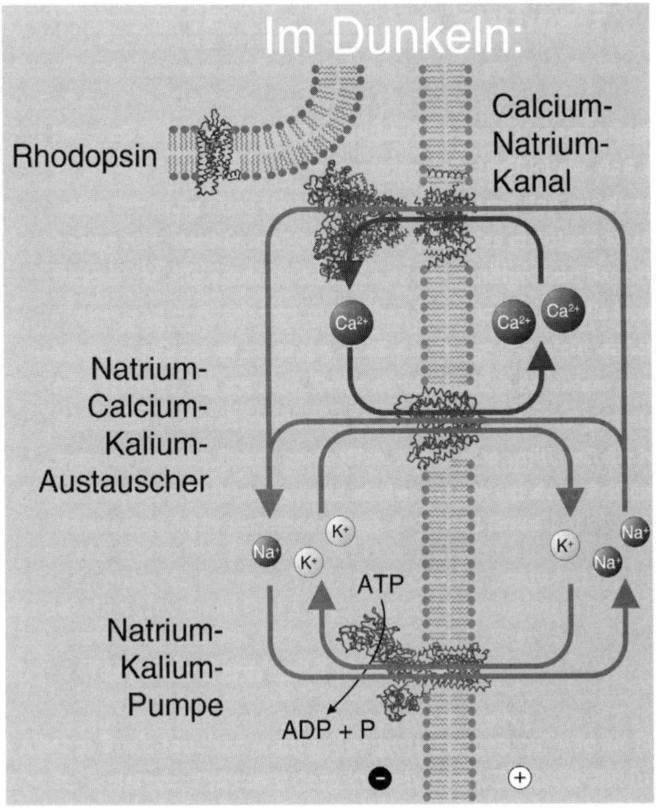

Abbildung 8.2: Recht verwickelt, aber wirkungsvoll – die Lichtregistrierung in den Zellen der Netzhaut: Zuerst ist alles dunkel …

das Innere des Stäbchens stärker negativ geladen als im Dunkeln, und diese lichtabhängige Spannungsänderung ist letztlich das Signal, das weitergeleitet wird (mehr zur Signalleitung in Nervenzellen in Kapitel 9).

Im Einzelnen passiert Folgendes: Im Dunkeln ist ein Ionenkanal geöffnet, durch den Calcium- und Natriumionen in die Zel-

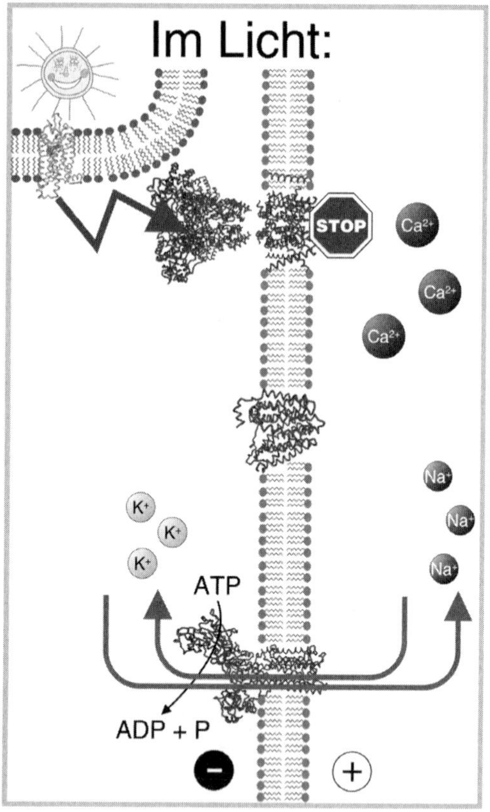

Abbildung 8.3: … aber dann wird's Licht!

le einströmen (Abbildung 8.2). ↗ **Kanäle und Ionenpumpen: Kapitel 4** Das Calcium wird wieder aus der Zelle herausbefördert durch einen Austauscher, der *Calcium heraus*pumpt (energetisch ein Bergaufvorgang) und dabei angetrieben wird von einem *Ausstrom von Kaliumionen* und einem *Einstrom von Natrium* (beides Bergabvorgänge). Letztlich wird das Ganze durch die Natrium-Kalium-Pumpe angetrieben, die unter ATP-Verbrauch die ursprüngliche Verteilung von Natrium und Kalium wiederherstellt. Im Licht bewirkt nun das aktivierte Rhodopsin eine Schließung des Calcium-Natrium-Kanals (Abbildung 8.3). Dadurch gibt es keinen Einstrom von Calcium in die Zelle mehr, und der gekoppelte Einstrom von Natrium kommt ebenfalls zum Erliegen. Unter dem Strich reichert sich im Licht Kalium innen stärker an, aber Calcium und Natrium sind außen stärker konzentriert als im Dunkeln, sodass insgesamt die Ungleichverteilung der Ladungen (außen positiv, innen negativ) größer wird.

Bereits in Kapitel 4 wurde behauptet, dass Ionenkanäle für eine Vielzahl von Vorgängen in Zellen wichtig sind, und hier sehen wir ein konkretes Beispiel. Kanäle, die durch äußere Einflüsse geschaltet werden und dadurch elektrische Signale erzeugen, liegen auch den anderen Sinnen des Menschen zugrunde: So gibt es Kanäle, die auf Wärme oder Kälte reagieren, andere reagieren auf Druckveränderungen und ermöglichen den Tastsinn und das Gehör. Die besondere Bedeutung von Ionenkanälen in Nervenzellen wird auch in Kapitel 9 noch einmal ausführlich behandelt. Mit bakteriellen Ionenkanälen wie KcsA aus Abbildung 4.2 (Seite 98) sind viele Kanäle der Eukaryonten entfernt verwandt, allerdings sind sie durch zusätzliche Anbauten erheblich größer als ihre Gegenstücke in Bakterien.

Nun sind die Vorgänge in den Abbildungen 8.2 und 8.3 recht verwickelt, aber eigentlich ist alles noch viel komplizierter! Auf der rechten Seite von Abbildung 8.3 sieht es so aus, als ob ein aktiviertes Rhodopsin *direkt* einen Calcium-Natrium-Kanal schließt. Tatsächlich ist dazwischen aber noch ein molekularer Verstärker geschaltet, der das macht, was auch der Verstärker in einer Stereoanlage macht: Er wandelt kleine Signale in große um (und verbraucht dafür Energie, denn von nichts kommt nichts).

Jedes belichtete Rhodopsinmolekül aktiviert nämlich einige hundert Moleküle Transducin, und jedes aktivierte Transducin bewirkt seinerseits (über weitere Zwischenschritte) die Schließung von Dutzenden bis Hunderten Kanälen. Auf diese Weise kann bereits ein einzelnes Lichtquant Zigtausenden Ionen den Weg versperren und so eine deutliche Änderung der Membranspannung bewirken. Man bezeichnet diesen Verstärkungsmechanismus als *Signalkaskade*, und er sorgt dafür, dass ein Stäbchen ein einzelnes Lichtquant detektieren kann. Die extreme Empfindlichkeit des Sehvorganges ist schon lange bekannt; die ersten verlässlichen Messungen dazu legte um 1940 der Biophysiker Selig Hecht (1892 – 1947) an der Columbia University in New York vor; er war übrigens der Doktorvater von George Wald.

Angetrieben wird der Verstärker des Sehvorganges von … nein, diesmal nicht von ATP, sondern von *GTP*. Die Abkürzung steht für Guanosin-tri-phosphat. Guanin ist wie Adenin eine der Basen, die die DNA bilden, und GTP hat in etlichen biochemischen Vorgängen eine Rolle als Energielieferant analog zu ATP. ↗ **ATP und Nukleotide: Abschnitt 2.2** Transducin, das GTP zu GDP und Phosphat spaltet, gehört zu einer großen Familie ähnlicher Eiweiße, die wegen ihres Treibstoffes als *G-Proteine* bezeichnet werden.

Signalkaskaden unter Beteiligung von G-Proteinen sind im Körper generell sehr häufig. Entsprechend wichtig sind sie auch für die Medizin: Rund die Hälfte aller Medikamente greift in solche Prozesse ein. Auch für die Schmerztablette aus Abschnitt 2.1 würde das gelten. Wirkstoffe wie Acetylsalicylsäure oder Paracetamol blockieren nämlich die Bildung von Prostaglandin E_2; dieses Gewebehormon ist an vielen Vorgängen beteiligt, darunter die Entstehung von Fieber, Schmerzen und Entzündungen.

Rhodopsin und sein Partner Transducin werden deshalb nicht nur zur Aufklärung des Sehvorganges untersucht, sondern sie sind Modelle, die Aufschluss über derartige Signalkaskaden allgemein geben. Und G-Proteine finden sich sogar bei Pflanzen; dieser Aspekt wird erst seit kurzem intensiver untersucht, wird aber vermutlich in den kommenden Jahren auch praktische Anwendungen haben, zum Beispiel im Pflanzenschutz.

Die Analogie zwischen dem Sehvorgang oder anderen biologischen Signalkaskaden und elektrischen Verstärkern lässt sich auf einen weiteren Punkt ausdehnen: das *Rauschen.* In elektrischen Schaltkreisen gibt es Rauschen, weil die Elektronen dem Wärmegezappel unterliegen. Dadurch entstehen zufällige Schwankungen der elektrischen Spannung. Das ist kein Problem, solange die Signale viel größer sind als das Rauschen. Bei sehr kleinen Spannungen bekommt man jedoch Schwierigkeiten, weil das Signal im schlechtesten Fall völlig im Rauschen untergeht. Da nützt es auch nichts, das Signal durch eine hohe Verstärkung aufzublasen, weil man das Rauschen unweigerlich mit vergrößert.

Und was hat das mit dem Sehvorgang zu tun? In biologischen Verstärkern ist die ungeordnete Wärmebewegung der Moleküle die Quelle für Rauschen. Das Wärmegezappel führt zum Beispiel dazu, dass gelegentlich ein Retinalmolekül *von alleine* seine Struktur ändert, ohne dass ein Lichtquant daran beteiligt ist. Die nachfolgenden Schritte der Signalkaskade werden dadurch aber genauso in Gang gesetzt, *als ob* ein Lichtquant registriert wurde. Dadurch entsteht bei der Lichtdetektion in der Retina Rauschen. Bei hoher Lichtstärke stört das nicht weiter, weil die seltenen zufälligen Fehlalarme untergehen in der Masse der echten Ereignisse. Bei sehr geringer Helligkeit hingegen limitiert dieses Rauschen das Sehvermögen. Das Rhodopsin in den Stäbchen ist in dieser Hinsicht allerdings perfektioniert: Die spontane Strukturänderung des Retinals ist so selten, dass pro Sekunde nur ein derartiges Ereignis auf 40 Milliarden Moleküle entfällt. Das ist Voraussetzung für die gute Nachtsicht des Menschen.

Die Rhodopsinvarianten in den Zapfen hingegen, die für das Farbensehen eingesetzt werden, weisen wesentlich mehr Rauschen auf, und bekanntlich benötigt der Farbensinn deutlich mehr Helligkeit als das Schwarz-Weiß-Sehen: Nachts sind alle Katzen grau.

Das Retinal selber ist dabei gleich, und die unterschiedlichen Rhodopsinvarianten in den Stäbchen und den drei Zapfentypen unterscheiden sich nur in bestimmten Aminosäuren der jeweiligen Proteinketten. Entstanden sind diese Eiweißvarianten durch Genverdoppelung. ↗ Genverdoppelung: Abschnitt 3.4 Das hat sich im Tierreich mehrmals ereignet, wobei manche Tiere nur zwei zusätzliche Farbrezeptoren haben. Andere hingegen sehen die Welt bunter als wir, so zum Beispiel die Taufliege mit sechs Rhodopsinvarianten. Und im Gegensatz zu uns gibt es bei vielen Tierarten UV-Rezeptoren, die für uns unsichtbares ultraviolettes Licht detektieren können.

Innerhalb der Säugetiere verfügen nur die Primaten über das «trichromatische» Sehen mit den drei Basisfarben Rot, Grün, Blau. Die Theorie des trichromatischen Sehens wurde bereits 1802 von dem Engländer Thomas Young (1773–1829) vorgeschlagen, der ein echtes Multitalent war – neben seiner Tätigkeit als Arzt und Physikprofessor war er obendrein ein erfolgreicher Ägyptologe, der etliche Hieroglyphen auf dem berühmten Rosettastein entzifferte. Nun fragt sich, wieso gerade die Primaten über einen so leistungsfähigen Farbsinn verfügen. Das Argument, dass ein farbiges Bild der Umwelt eben besser ist als ein schwarz-weißes, genügt nicht: Die Evolution kümmert sich nicht darum, ihre Konstruktionen in einem abstrakten Sinn «besser» zu machen, wenn damit kein konkreter Vorteil verbunden ist. Im Fall der Primaten war es vermutlich der hohe Anteil von Früchten an der Ernährung, der den Anstoß gab, so die Vermutung einer Gruppe britischer und französischer Wissenschaftler: Durch trichromatisches Sehen lassen sich die oft leuchtend gefärbten tropischen Früchte besser vor dem grünen Blätterhintergrund des Regenwaldes erkennen, und auch die Unterscheidung zwischen reifen und unreifen Früchten wird erleichtert.

Beim Menschen gibt es verschiedene Formen von Farbenblindheit, bei denen einzelne Rhodopsintypen durch Mutationen in den betreffenden Genen entweder farbverschoben arbeiten oder ganz ausfallen. Das Gen des Blau-Rezeptors liegt auf Chromosom Nummer 3, von dem jeder Mensch zwei Exemplare hat. Deshalb gibt es auch zwei Kopien dieses Gens, und wenn nur eine defekt ist, kann die andere den Mangel ausgleichen. Anders bei den Rezeptoren für Rot und Grün: Ihre Gene liegen auf dem X-Chromosom. Frauen haben davon zwei Stück, sodass für sie diesbezüglich dasselbe gilt wie für den Blau-Rezeptor. Männer jedoch haben ein X- und ein Y-Chromosom, wodurch ein Ausfall der Gene für den Rot- oder Grün-Rezeptor nicht kompensiert werden kann. Deshalb ist Rotgrünblindheit eine der Erbkrankheiten, die bei Männern wesentlich häufiger auftreten als bei Frauen.

Gerade die Biologie des Farbensehens zeigt übrigens einmal mehr, welche verschlungenen und bizarren Wege die Evolution häufig geht: Bei einigen Tieren wird die Empfindlichkeit für rotes Licht durch ein Umwandlungsprodukt von Chlorophyll aus der Nahrung stark verbessert. Der genaue Mechanismus ist noch nicht bekannt, aber vermutlich bildet der Chlorophyllabkömmling eine Art Antenne, die Licht an das Rhodopsin weiterleitet – in verblüffender Analogie zu den Antennenchlorophyllen der Photosynthese. Nachdem Spinat ja nun lange nicht so eisenhaltig ist, wie immer behauptet wurde, könnte man hier einen neuen Grund vermuten, um Kinder mit dem ungeliebten Gemüse zu traktieren: Spinat ist gut fürs Auge! Es muss allerdings vor solch vorschnellen Schlüssen gewarnt werden, denn diese Rolle von Chlorophyll im Auge ist bisher nur von einigen Arten wie etwa Salamandern und bestimmten Tiefseefischen bekannt.

FAZIT: **Biologische Lichtsensoren sind weit verbreitet, sie haben eine Reihe von Funktionen, zum Beispiel beim Stellen der inneren Uhren von Lebewesen. Augen, die ein echtes Abbild der Außenwelt liefern, sind lediglich ein Spezialfall solcher Sensoren mit besonders ausgetüftelter Kon-**

struktion. Das physikalische Grundprinzip des Sehens besteht in einer lichtinduzierten Strukturänderung des Farbstoffes Retinal, der im Rhodopsin gebunden ist. Dadurch wird über eine Signalkaskade eine Reihe von Prozessen in Gang gesetzt, die letztlich ein elektrisches Signal in Form einer Spannungsänderung an der Zellmembran erzeugen. Biologische Signalkaskaden arbeiten als Verstärker; im Fall des Sehvorganges ist dabei eine so exzellente Empfindlichkeit erreicht worden, dass die Stäbchen der Netzhaut einzelne Lichtquanten detektieren können.

9 Frosch, Tintenfisch und Katz

Herrn Kant gebührt gewiß das nicht geringe Verdienst, in der Physiologie unseres Gemütes aufgeräumt zu haben, aber diese nähere Kenntnis der Muskeln und Nerven wird uns weder bessere Klavierspieler noch bessere Tänzer geben. Mir kömmt es auch zuweilen vor, als wenn der Beifall, den sein Werk «Kritik der reinen Vernunft» erhalten hat, ihn nachher zu weit geführt hat. Georg Christoph Lichtenberg, *Aphorismen*

9.1 Reine Nervensache

Haben Sie schon einmal von Loligo Forbesi gehört? Dem Namen nach könnte es sich um einen dieser exzentrischen italienischen Adligen handeln, die bekanntlich – das weiß man spätestens seit Donna Leon – in ihren Palazzi die seltsamsten Dinge treiben. Wir kommen auf Herrn Forbesi später zurück, denn zunächst wollen wir uns Luigi Galvani (1737–1798) und Alessandro Volta (1745–1827) zuwenden. Der italienische Arzt Galvani hatte 1780 entdeckt, dass Froschschenkel zucken, wenn der dazugehörige Nerv oder auch der Muskel selbst mit zwei Drähten aus unterschiedlichen Metallen berührt werden. Sein Landsmann, der wohlhabende und tatsächlich recht exzentrische Graf Volta, setzte diese Versuche fort. Er erkannte, dass man durch die Anordnung zweier verschiedener Metalle elektrische Spannung erzeugt, und so war seit dieser Zeit klar, dass es einen Zusammenhang zwischen Elektrizität und der Tätigkeit der Nerven (und ebenso der Muskeln) gibt.

Bevor wir uns aber den elektrischen Phänomenen in Nervenzellen zuwenden, wollen wir zuerst einen Blick auf den Ort des

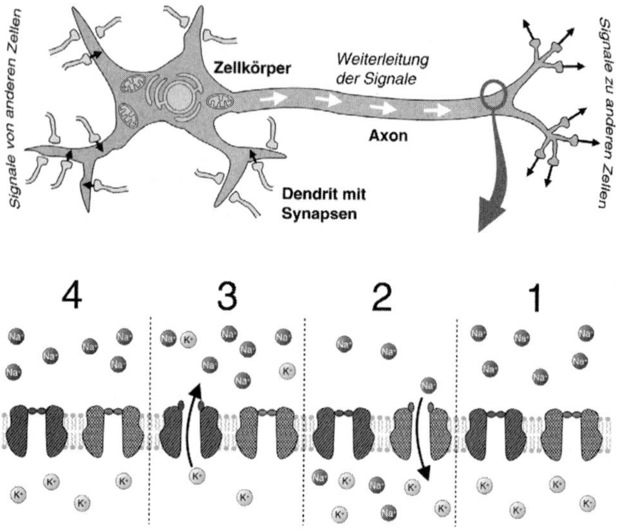

Abbildung 9.1: Ein Neuron im Überblick (oben) und die Ionenbewegungen im Aktionspotenzial (unten)

Geschehens werfen. Abbildung 9.1 zeigt oben ein schematisch dargestelltes Neuron. Zwar unterscheiden sich Nervenzellen je nach Organismus und Aufgabe voneinander, aber grundlegende Bauteile finden sich überall. Der *Zellkörper* enthält die lebensnotwendigen Bestandteile wie Zellkern, Mitochondrien und so weiter. Daneben hat das Neuron eine Anzahl von länglichen Fortsätzen, zum einen das *Axon*, zum anderen mehrere *Dendriten*.

Abbildung 9.1 gibt allerdings die Größenverhältnisse nur andeutungsweise wieder: Während der Zellkörper einen Durchmesser von einigen Dutzend Mikrometern hat, wie es für die Zellen im Körper typisch ist, können Dendriten und Axon Längen von Zentimetern oder sogar Metern erreichen. Ein Physiologielehrbuch bietet dazu einen anschaulichen Vergleich: Hätte der Zellkörper eines speziellen Neurons, das von der Wirbelsäule zu den Fußmuskeln reicht, die Größe eines Tennisballs, dann würden die Dendriten den Raum eines ganzen Zimmers ausfüllen, und das Axon wäre – bei einer Dicke von einem Zentimeter – mehr als einen Kilometer lang! Aus diesem Grund spielt auch der Stofftransport im Axon eine wichtige Rolle: Neue Proteine werden nur im Zellkörper gebildet und müssen anschließend von den molekularen Autobahnen des Zellskeletts bis zur Spitze des Axons transportiert werden. Obwohl das erheblich schneller geht als die passive Diffusion, ist auch dieser axonale Transport durch Motorproteine eher gemächlich, die Geschwindigkeit liegt bei mehreren Zentimetern pro Tag. Wegen seiner Bedeutung für das Funktionieren der Neuronen sind Störungen des axonalen Transports mit einer Reihe von Krankheiten verbunden, dazu gehören insbesondere Degenerationserkrankungen wie Alzheimer.

↗ **Stofftransport am Zellskelett: Abschnitt 7.2**

Das Axon endet in vielen *Endknöpfen*, die die Verbindung zu anderen Neuronen herstellen. Eine solche Verbindung heißt *Synapse*, dabei dockt ein Endknopf der einen Zelle an einen Dendriten, an den Zellkörper oder auch an das Axon einer anderen an. Die Membranen der beiden Zellen kommen sich dabei sehr nahe, aber sie berühren sich nicht: Zwischen der *präsynaptischen* und der *postsynaptischen* Membran bleibt ein schmaler Spalt bestehen. In unserem Gehirn gibt es schätzungsweise zehn bis 100 Milliarden Neuronen, von denen jedes durchschnittlich über 100 bis 1000 Synapsen mit anderen Zellen verschaltet ist. Die eigentliche Denkarbeit des Gehirns besteht darin, dass die Nervenzellen über die Synapsen miteinander kommunizieren. Dabei ist die *Signalrichtung* festgelegt: Ein Neuron nimmt Signale von anderen Zellen auf, verrechnet sie miteinander und leitet das Ergebnis dieser Rechnung über sein Axon an andere Zellen weiter.

In der zweiten Hälfte des neunzehnten Jahrhunderts konnten die elektrischen Signale der Neuronen schon recht genau beschrieben werden. Das Innere der Nervenzellen ist – wie bei allen anderen Zelltypen auch – gegenüber der Umgebung negativ geladen, an der Zellmembran liegt eine elektrische Spannung an. ↗ **Elektrische Spannung an der Zellmembran: Kapitel 4** Im Fall eines Neurons spricht man vom *Ruhepotenzial*, es liegt bei ungefähr −60 Millivolt. Wenn die eintreffenden Signale im Zellkörper einen Schwellenwert überschreiten, dann feuert die Zelle, und es wird ein *Aktionspotenzial* ausgelöst. Das ist eine vorübergehende Spannungsänderung, bei der kurzfristig die Spannung auf positive Werte um +40 Millivolt ansteigt; diese Spannungsänderung bewegt sich wellenförmig das Axon entlang, wobei die Wandergeschwindigkeit zwischen einem und 100 Metern pro Sekunde liegt. Aktionspotenziale sind gewissermaßen die Bits des neuronalen Rechners; sämtliche Information im Nervensystem wird in dieser Weise codiert. Dabei kann als einzige Größe die *Häufigkeit*, also Zahl der Aktionspotenziale pro Zeit, variieren. Die *Größe* der Spannungswelle und ihre individuelle *Dauer* hingegen sind konstant, unabhängig von der Stärke des registrierten Reizes. Ein einzelnes Aktionspotenzial hat eine Dauer von einigen tausendstel Sekunden; in der anschließenden *Refraktärzeit*, die ebenfalls einige Millisekunden dauert, kann kein weiteres Aktionspotenzial ausgelöst werden. Die Obergrenze der Feuergeschwindigkeit liegt dadurch bei rund 100 Aktionspotenzialen pro Sekunde.

So weit die *Beschreibung* der Phänomene, doch was ist mit den zugrunde liegenden *Mechanismen*? Hier herrschte lange Zeit großes Rätselraten, denn die scheinbare Analogie zur elektrischen Leitung in einem Kabel ist trügerisch: Ein Draht leitet den elektrischen Strom rein passiv, in Reaktion auf eine *von außen* angelegte Spannung. Bei der Fortpflanzung der Spannungswelle im Axon passiert etwas ganz anderes, was mit dem einfachen Bild eines elektrischen Leiters nicht beschrieben werden kann. Die moderne Erklärung dieses Phänomens wurde Mitte des zwanzigsten Jahrhunderts von den britischen Wissenschaftlern Alan Hodgkin (1914–1998), Andrew Huxley (*1917) und Bernard Katz (1911–2003) formuliert. Damals wusste man generell noch sehr wenig über biologische Membranen, doch Hodgkin, Huxley und Katz waren so kühn, einen zu diesem Zeitpunkt rein hypothetischen Typ von Membranproteinen zu postulieren, die *spannungsabhängigen Kanäle.* ↗ **Ionenkanäle: Kapitel 4 und 8** Hodgkin und Huxley bekamen für ihre Arbeiten 1963 den Nobelpreis. Bernard Katz ging auch nicht leer aus; er bekam den Preis einige Jahre später für seine Beiträge in einem anderen Teilbereich der Neurobiologie (mehr dazu weiter unten).

In der Tat bilden Kanäle für Natrium- und Kaliumionen die Grundlage der Aktionspotenziale (Abbildung 9.1 unten). Das negative Ruhepotenzial in Zone 1 ist durch hohe Kaliumkonzentration innen, hohe Natriumkonzentration außen und einen Überschuss positiver Ladung außen gekennzeichnet. Der Anstieg der Spannung auf positive Werte (Zone 2) entsteht dadurch, dass sich die Natriumkanäle öffnen. Damit kommt es zu einem raschen *Einstrom der positiv geladenen Natriumionen*, und die Membranspannung schlägt vom negativen in den positiven Bereich um. In Zone 3 sind die Natriumkanäle bereits wieder geschlossen, doch jetzt sind die Kaliumkanäle geöffnet, und es kommt zu einem *Ausstrom der positiven Kaliumionen*, was ein Absinken der Spannung noch unter das Ruhepotenzial bewirkt. In Zone 4 schließlich sind beide Kanaltypen geschlossen, und es stellt sich wieder die Ionenverteilung des Ruhepotenzials ein.

Der besondere Clou an der Sache ist das Verhalten der Ionenkanäle, das zu einer raffinierten *Rückkopplung* führt: Einerseits lassen die Kanäle geladene Teilchen passieren, sie beeinflussen also die elektrischen Verhältnisse an der Axonmembran. Andererseits sind die Kanäle selbst *spannungsabhängig* und werden ihrerseits von den elektrischen Verhältnissen beeinflusst. Dadurch öffnen und schließen sich die Kanäle im Verlauf eines Aktionspotenzials und erzeugen so die Spannungswelle, die das Axon entlangwandert. Die Natriumkanäle in Zone 1 aus Abbildung

9.1 werden sich also als nächste öffnen, weil sie die Spannungsänderung in ihrer Nähe (Zone 2) schon spüren. Ein einzelner Natriumkanal hat eine Leitfähigkeit von 10 Millionen Ionen pro Sekunde; in der Zeit von 700 Mikrosekunden, die solch ein Kanal durchschnittlich geöffnet ist, können 7000 Na^+-Ionen hindurchsausen. Auch die Ionenkanäle sind – wie alle molekularen Maschinen – dem Wärmegezappel der Molekülwelt unterworfen: Sie öffnen und schließen sich zufällig, aber die Wahrscheinlichkeit für den offenen oder geschlossenen Zustand hängt stark von der elektrischen Spannung ab.

Sehr hilfreich für die Aufklärung dieser Phänomene war, dass Tintenfische Riesenaxone mit sehr großem Durchmesser haben. Beim Kalmar *Loligo forbesi* kann zum Beispiel der Durchmesser bis zu einen Millimeter betragen, während die Dicke eines menschlichen Axons nur im Bereich von Mikrometern liegt. Deshalb erfreuen sich Tintenfische seit dem neunzehnten Jahrhundert großer Beliebtheit als Studienobjekte der Neurobiologie; in ihr Riesenaxon kann man bequem eine Elektrode einstechen, um die elektrischen Vorgänge aufzuzeichnen. (Die Schilderung der Vorgänge in Abbildung 9.1 unten bezieht sich daher auch in erster Linie auf die Verhältnisse bei Tintenfischen; im Detail gibt es bei Säugern einige Unterschiede.)

Das Schließen der Ionenkanäle allein reicht allerdings nicht, um die ursprüngliche Situation wiederherzustellen. Zur Regeneration des Ruhepotenzials müssen Natrium- und Kaliumionen *aktiv gepumpt* werden, und das bewirkt die Natrium-Kalium-Pumpe, die Natrium aus dem Axon herauspumpt und Kalium anreichert. Diese ATP verbrauchende Maschine, die übrigens auch zu den Brown'schen Motoren gehört, stellt also die Energie für die Aktionspotenziale bereit. In genau dieser Rolle, als Antrieb von signalübertragenden Prozessen, tauchte sie schon in Kapitel 8 auf. ↗ **Ionenpumpen: Kapitel 4; Brown'sche Motoren: Abschnitt 7.1**

Und wie kommt das Signal über die Synapse zur anderen Zelle? Hier hielt die Natur wieder einmal eine Überraschung für die Wissenschaftler bereit: Die synaptische Übertragung funktioniert in den meisten Fällen auf *chemischem* Wege. Nachdem man in der zweiten Hälfte des neunzehnten Jahrhunderts eindeutig gezeigt hatte, dass *innerhalb* des Axons die Übermittlung als elektrisches Signal erfolgt (auch wenn der genaue Mechanismus noch unklar war), gab es um 1900 erste Befunde, die anzeigten, dass Botenstoffe eine entscheidende Rolle in der Synapse spielen. Allerdings wurde dieses Konzept bis in die dreißiger Jahre kontrovers diskutiert, und es gibt tatsächlich einige Synapsen, bei denen eine direkte elektrische Verbindung zwischen den Zellen besteht.

Wir wollen uns jedoch nur die chemische Übertragung näher ansehen. Das elektrische Signal aus dem Axon bewirkt dabei in den synaptischen Endknöpfen die *Ausschüttung eines Botenstoffes*. Dazu bewegen sich kleine Membranbläschen, die Vesikel, zur präsynaptischen Membran und verschmelzen mit ihr, sodass sie ihren Inhalt nach außen in den synaptischen Spalt entleeren. Jedes Vesikel enthält etliche tausend Moleküle des Botenstoffes; sie diffundieren zur postsynaptischen Membran und übertragen so die Information von einer Zelle zur anderen. Nun hatten wir in Abschnitt 2.3 gesehen, dass die Diffusion als ungerichtetes Molekülgezappel kein effektiver Weg ist, um Stoffe über längere Strecken zu transportieren. Der synaptische Spalt ist allerdings sehr schmal, seine Breite beträgt nur rund 50 Nanometer (ungefähr das Zehnfache der Dicke der Zellmembran), und die Transmittermoleküle können in ungefähr 50 Mikrosekunden auf der anderen Seite ankommen.

Als Botenstoffe dienen dabei, je nach Synapsentyp, verschiedene kleine Moleküle. Einige davon sind spezialisierte Substanzen, die nur diesen einen Zweck haben. Aber es finden sich auch Botenstoffe, die daneben noch andere Aufgaben erfüllen: Selbst ATP, das in diesem Buch auf fast jeder Seite als Energiewährung auftaucht, dient in manchen Synapsen zusätzlich als Botenstoff.

Auch die Aminosäure Glutamat ist ein solcher Botenstoff. In den vierziger Jahren galt Glutamat deshalb als «Nervennahrung» und wurde zum Beispiel lernschwachen Kindern gezielt verabreicht. Davon ist man jedoch wieder abgekommen, und mittlerweile gibt es Bedenken gegen seinen Einsatz als Geschmacksverstärker in «Chinagewürz» und anderen Würzmischungen, weil erhöhte Konzentrationen im Gehirn zum Absterben von Nervenzellen führen. Die Mehrzahl der Experten hält allerdings Ängste in Bezug auf Glutamatzusätze im Essen für unnötig. Glutamat ist eine recht häufige Aminosäure, die in typischen Proteinen einige Prozent des Gesamtgewichts ausmacht. Mit den Eiweißen der Nahrung nimmt man also jeden Tag einige Gramm Glutamat zu sich – ein Vielfaches dessen, was durch «künstliche» Zusätze hinzukommt. Die geschmacksverstärkende Wirkung des von Natur aus enthaltenen Glutamats wird übrigens auch in Sojasauce und Maggi-Würze ausgenutzt, denen kein Glutamat als «chemischer Zusatz» beigefügt wird.

Doch was passiert eigentlich, wenn die Botenstoffe auf der anderen Seite des synaptischen Spalts ankommen? Zunächst muss jeder Botenstoff an einen *Rezeptor* binden, der sich dadurch auszeichnet, dass seine Struktur komplementär zu der des Botenstoffes ist. ↗ **Rezeptoren und Schlüssel-Schloss-Prinzip: Abschnitt 2.1** Die Rezeptoren sind in jedem Fall Eiweiße; manche davon sind gleichzeitig auch noch *Ionenkanäle*. In diesen Fällen bewirkt die Bindung des Botenstoffes *direkt* das Öffnen des Kanals, und so entsteht wieder ein elektrisches Signal, das sich dann in der Zelle fortpflanzt. Es gibt jedoch auch kompliziertere Fälle; dabei sind dann biologische Verstärker zwischengeschaltet, die zum Beispiel G-Proteine beinhalten. Ein Öffnen der Ionenkanäle wird in diesen Fällen vom Botenstoff auf *indirektem* Wege bewirkt ↗ **Verstärker und Signalkaskaden: Kapitel 8**

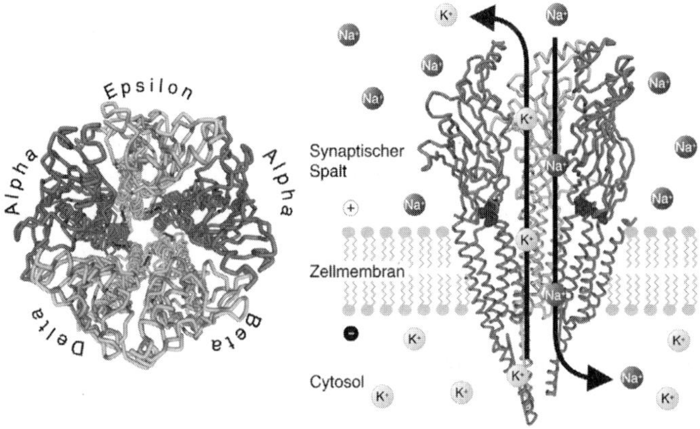

Abbildung 9.2: Ein Rezeptor für Acetylcholin, einen der wichtigsten Botenstoffe des Nervensystems, links in Aufsicht, rechts in Seitenansicht

Durch eine raffinierte neue Technik, mit der winzige Membranausschnitte separat untersucht werden können, konnten die beiden Deutschen Erwin Neher und Bert Sakmann 1976 direkt nachweisen, wie ein *einzelner* Kanal durch einen Botenstoff geöffnet wurde. Diese Methode ist inzwischen für die Untersuchung aller möglichen Membranvorgänge etabliert, und Neher und Sakmann erhielten für ihre Pionierleistung 1991 den Nobelpreis. Die Vorgänge an den Synapsen gehören damit zu den besonders heißen Themen, für die es im Laufe der Jahre mehrere Nobelpreise gab; einen bereits im Jahr 1936 und einen weiteren 1970, wobei Letzterer neben anderen auch Bernard Katz verliehen wurde.

Neher und Sakmann haben seinerzeit einen bestimmten Rezeptor für den Botenstoff Acetylcholin untersucht, und gerade diesen Typ versteht man inzwischen sehr gut, durch Röntgenstrukturanalyse und andere Verfahren zur Strukturaufklärung (Abbildung 9.2). Dieser Acetylcholin-Rezeptor ist ein Komplex aus fünf individuellen Proteinen, davon sind die beiden Alpha-Untereinheiten die eigentlichen Bindungsstellen des Botenstoffs. In der Aufsicht erkennt man, wie im Innern des Rezeptors eine Pore für den Ionenkanal gebildet wird. In der Seitenansicht sind Beta und Delta fortgelassen; in den beiden Alpha-Untereinheiten sind die kritischen Aminosäuren hervorgehoben, die nach dem Andocken von Acetylcholin den Kanal öffnen und so einen Strom von Natrium- und Kaliumionen ermöglichen, wodurch sich das Membranpotenzial der postsynaptischen Zelle ändert.

Nach getaner Arbeit werden die Botenstoffe sofort entsorgt, also aus dem synaptischen Spalt und damit auch von den Rezeptoren entfernt. Das muss schnell vonstatten gehen, damit die postsynaptische Zelle wieder für ein neues Signal bereitsteht. Außerdem ist eine lang andauernde Erregung der postsynaptischen Zelle oft schädlich; auch die oben besprochene Giftigkeit von Glutamat rührt unter anderem daher, dass ein erhöhter Glutamatspiegel zu einer Übererregung von Zellen führt. Bei der Entsorgung gibt es verschiedene Möglichkeiten: Acetylcholin wird von einem Enzym gespalten, sodass nur unwirksame Bruchstücke übrig bleiben. Häufiger ist allerdings eine andere Variante, bei der der Botenstoff wieder in die präsynaptische Zelle oder in andere Zellen in der Nähe gepumpt wird.

Viel dramatischer als das allmähliche Absterben einzelner Neuronen sind allerdings die Effekte, wenn eine Störung der Synapsen die Signalleitung in Teilen des Nervensystems komplett unterbricht; dies hat schnell tödliche Konsequenzen für den ganzen Organismus. Die giftigsten Stoffe aus Menschenhand, die «Nervengase», blockieren die Spaltung von Acetylcholin. Die Nervengase der ersten Generation wie Soman und Sarin waren eine Zufallsentdeckung der deutschen Pflanzenschutzforschung während des Zweiten Weltkriegs; es handelt sich dabei um extrem giftige Verwandte des auch nicht gerade harmlosen E 605. Nach dem Krieg waren Amerikaner und Sowjets von dieser widerlichen Erfindung so angetan, dass sie daraus noch giftigere Supergifte wie zum Beispiel VX entwickelten.

Allerdings *noch giftiger* und damit Inhaber des Weltrekords in dieser Disziplin ist eine Gruppe von bakteriellen Nervengiften, die ebenfalls an den Synapsen angreifen. Das Tetanustoxin und die Botulinustoxine sind so wirksam, dass einige milliardstel Gramm ausreichen, um einen Menschen zu töten – die letale Dosis für die gesamte Menschheit beträgt schätzungsweise zwei gehäufte Esslöffel.

Nicht so extrem wirksam, aber immer noch giftig genug, sind auch etliche Toxine giftiger Tiere. Chemische Kriegführung ist im Tierreich weit verbreitet, dabei geht es manchmal um reine Verteidigung, meist aber um das Überwältigen der Beute. Nervengifte haben dabei – aus Sicht des Anwenders! – den Vorteil, dass sie zentrale Steuerungsvorgänge im Körper des Opfers lahmlegen. An den Synapsen angreifende Nervengifte finden sich bei der Kobra und der Schwarzen Mamba, bei manchen Spinnen wie der Schwarzen Witwe und auch bei den tropischen, ebenso dekorativen wie gefährlichen Kegelschnecken.

Doch nicht jede Einwirkung auf die synaptischen Vorgänge muss gleich tödlich sein. Eine Vielzahl von Stoffen modifiziert einzelne Schritte der synaptischen Übertragung und beeinflusst so das Nervensystem und das menschliche Befinden. Das gilt für Psychopharmaka und Drogen, aber auch für manche Genussmittel; bekannte Beispiele sind Alkohol, Nikotin, Coffein, Morphin und LSD.

Neben den Vorgängen in den Synapsen ist auch die Erregungsleitung im Axon (also die Funktion der Ionenkanäle) ein Angriffspunkt für viele Gifte, aber auch für bestimmte pharmazeutische Wirkstoffe. Viele giftige Tiere nutzen Toxine, die die Kalium- oder Natriumkanäle blockieren. Solche Gifte finden sich bei den bereits erwähnten Kegelschnecken, bei giftigen Quallen und in den Innereien der berühmt-berüchtigten japanischen

Delikatesse Fugu. Letzterer fallen allein in Japan pro Jahr ungefähr 75 Menschen zum Opfer, obwohl die Zubereitung dieses Kugelfischs nur speziell ausgebildeten Köchen erlaubt ist. Das Gift Tetrodotoxin blockiert mit tödlicher Wirkung die Natriumkanäle des glücklosen Feinschmeckers, stammt aber eigentlich nicht von dem Fisch selber. Es wird vielmehr von bestimmten Bakterien gebildet, die die Kugelfische mit der Nahrung aufnehmen. Eine andere Variante von Kanalgiften manipuliert das Schalten des Kanals, was unter anderem dazu führen kann, dass der betreffende Kanal dauerhaft geöffnet bleibt. Solche Toxine finden sich zum Beispiel bei Skorpionen, Seeanemonen und den Columbianischen Pfeilgiftfröschen.

Allerdings können manche Eingriffe in die Funktion von Ionenkanälen durchaus segensreich sein. Die wichtigste medizinische Anwendung ist die örtliche Betäubung, wie sie etwa beim Zahnarzt erfolgt. Hier werden Substanzen verwendet, die die Natriumkanäle blockieren und dadurch die Weiterleitung der Schmerzempfindung unterbrechen. Diese Blockade ist jedoch nicht irreversibel, sodass nach einer gewissen Zeit die Kanäle wieder freigegeben werden. Früher verwendete man dafür Cocain, heute nutzt man moderne Abkömmlinge, die ein wesentlich geringeres Suchtpotenzial haben und auch hinsichtlich anderer Eigenschaften verbessert wurden.

FAZIT: **Information wird in den Nervenzellen als elektrisches Signal (Aktionspotenzial) weitergeleitet. Es handelt sich nicht um eine passive Leitung wie in einem Kabel, sondern um aktive Vorgänge, bei denen spannungsabhängige Ionenkanäle sich öffnen. Die Triebkraft dieser Prozesse wird von ATP bereitgestellt; es wird benötigt, um unter Energieaufwand die ursprüngliche Ionenverteilung wiederherzustellen. In den Synapsen, die zwei Zellen miteinander verbinden, wird das Signal meist** durch die Diffusion eines Botenstoffes übertragen. Die Reaktionen, die von den Botenstoffen ausgelöst werden, beinhalten oft eine Signalkaskade, die als biologischer Verstärker wirkt. Sowohl die elektrischen Phänomene im Axon als auch die chemischen Vorgänge in der Synapse sind wichtige Angriffsorte für ein breites Spektrum von Giften, Drogen und Medikamenten.

9.2 Biophysik für Krimifreunde

Die Arbeit der Nervenzellen, so hochspezialisiert sie auch sind, basiert auf Mechanismen, die man überall findet: Ionenkanäle und Ionenpumpen gehören zum gemeinsamen Erbe aller Lebewesen, und das Gleiche gilt für Rezeptoren und Signalkaskaden. Auch Muskelzellen sind spezialisierte Zellen, die sich nur bei Tieren entwickelt haben, deren molekulare Maschinerie aber auf weitverbreitete Grundlagen zurückgreift. Die Arbeit der Muskeln wird durch die ATP-getriebene Relativbewegung von zwei Proteinen erzeugt, nämlich Actin und Myosin. ↗ **Actin und Myosin: Abschnitt 7.2**

So einfach ist das – doch fast alles in der Wissenschaft, was sich im Nachhinein ganz einfach anhört und in ein oder zwei Sätzen salopp zusammenfassen lässt, ist das Ergebnis harter Arbeit. Die Erforschung der Muskeltätigkeit kann dabei auf eine besonders lange Tradition zurückblicken. Wesentliche Begriffe für die Beschreibung von Muskeln – etwa Länge, Kraft, Geschwindigkeit, Leistung, Arbeit – sind typisch mechanische Begriffe. Deshalb ist die Erforschung der Muskelphysiologie bereits seit der Renaissance ein Gegenstand physikalischer und biologischer Forschung. Rasche Fortschritte wurden möglich, als seit dem Ende des neunzehnten Jahrhunderts Biochemie und Physikalische

Chemie hinzukamen und Aufschluss über die molekularen Vorgänge gaben. Das heutige Bild basiert ganz wesentlich auf zwei Arbeiten aus dem Jahr 1954. In der Ausgabe der Zeitschrift *Nature* vom 22. Mai erschienen die Veröffentlichungen von Andrew Huxley und Ralf Niedergerke sowie von Hugh Huxley und Jean Hanson, die unabhängig voneinander zum selben Modell gelangt waren. Die beiden Huxleys sind nicht miteinander verwandt, die Namensgleichheit ist Zufall. Kein Zufall ist hingegen, dass wieder der Name Andrew Huxley auftaucht, dem wir im Abschnitt über Nervenzellen schon begegnet sind. Mit seinen bahnbrechenden Beiträgen zur Aufklärung der Vorgänge in Nerven- *und* Muskelzellen darf er als einer der produktivsten Biologen des zwanzigsten Jahrhunderts gelten. Brillanz gehörte aber in der Familie Huxley wohl generell zum guten Ton: Andrews Bruder Aldous war zum Beispiel ein berühmter Schriftsteller (*Brave New World*), und ihr Großvater Thomas Henry Huxley war der wichtigste Mitstreiter Darwins (Spitzname «Darwins Bulldogge»).

Ein Muskel besteht aus einzelnen *Fasern*, wobei jede Faser im

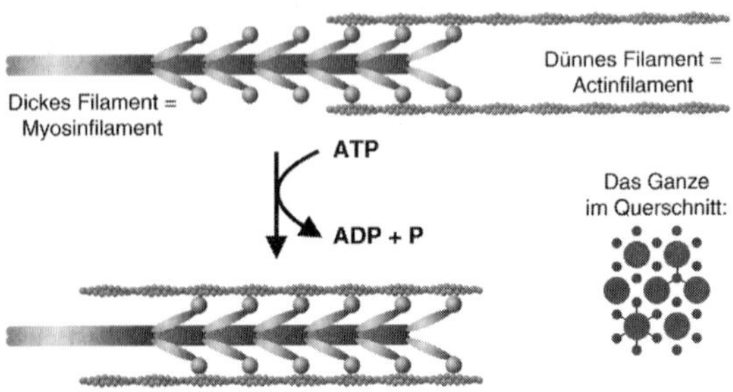

Abbildung 9.3: Filamente bei der Arbeit – die Maschinerie der Muskeln

Prinzip eine Zelle ist. Allerdings entstehen Muskelfasern durch die Verschmelzung mehrerer Vorläuferzellen, sie haben deshalb –

im Gegensatz zu den meisten anderen Zellen – nicht nur einen Zellkern, sondern viele. Die Fasern sind zwischen zehn und hundert Mikrometer dick, jede Faser enthält etliche *Fibrillen* von einem Mikrometer Durchmesser. Die Fibrillen ihrerseits setzen sich aus *Filamenten* zusammen; hier sind wir nun endlich auf der molekularen Ebene angelangt, die wir näher betrachten wollen (Abbildung 9.3).

Die Filamente bilden die eigentliche Muskelmaschinerie, wobei es dünne Filamente aus Actin gibt (Durchmesser sieben Nanometer) und dicke aus Myosin (Durchmesser 15 Nanometer). Im Querschnitt erkennt man die verschachtelte Anordnung beider Filamenttypen, wobei jedes dicke Filament von sechs dünnen umgeben ist, während umgekehrt jedes Actinfilament drei Myosinfilamente als nächste Nachbarn hat. Die eigentliche Muskelarbeit besteht darin, dass sich die Anordnung der Filamente verkürzt, wobei die Köpfe des Myosins unter ATP-Verbrauch an den Actinfilamenten entlanglaufen. Jedes dicke Filament hat 100 Myosinköpfe (die in Abbildung 9.3 nicht alle gezeigt sind), von denen jeder zehn Moleküle ATP pro Sekunde umsetzt. Muskeln können nur in einer Richtung, bei der Kontraktion, Arbeit verrichten. Deshalb sind viele Muskeln *paarweise* angeordnet, um in beiden Richtungen Kontraktionen zu ermöglichen; ein Beispiel sind die *Beuger* und *Strecker* des Arms.

Das Grundprinzip der Muskelfunktion entspricht dem, was in Abschnitt 7.2 über die Kombination Actin-Myosin gesagt wurde; der besondere Witz am Design der Muskeln ist die spezielle Form von Myosin. Inzwischen kennt man 37 Familien von Myosintypen, und viele davon funktionieren als individuelle Maschinen, wie in Abbildung 7.4 (Seite 156) gezeigt. Muskelmoysin jedoch zeichnet sich durch seinen langen Schwanz aus, der die Bildung der *Myosinfilamente* ermöglicht.

ATP hat aber nicht nur die Funktion einer Energiequelle für die Muskelarbeit, es ist zusätzlich ein Weichmacher, der die

Muskeln geschmeidig erhält. Ohne ATP kommt es zu einer sehr festen Bindung der Myosinköpfe an das Actinfilament – der Muskel erstarrt. Genau das passiert beim Eintritt der *Totenstarre*: Ungefähr vier bis acht Stunden nach dem Exitus ist das ATP im Körper so weit abgebaut, dass dieser Zustand eintritt. Später, nach ungefähr zwei Tagen, löst sich die Totenstarre wieder. Allerdings nicht deshalb, weil sich in der Leiche auf wundersame Weise neues ATP bildet (Tote atmen nicht), sondern weil im Zuge der Verwesung das Muskelgewebe zerfällt.

In der lebenden Zelle hingegen ist immer ATP vorhanden – was wiederum bedeutet, dass eine *Regulation* benötigt wird, die dem Muskel sagt, wann er in Aktion treten soll. Diese Steuerung beruht auf einem Eiweiß namens *Troponin*, das als Bremsklotz fungiert: Es bindet an die Actinfilamente und blockiert die ATP-Spaltung in den Myosinköpfen. Das kann Troponin allerdings nur in Abwesenheit von Calciumionen. Calcium bindet an das Troponin und löst so die Bremse. Ausgelöst wird die Muskelaktivität deshalb durch die rasche Freisetzung von Calcium in der Muskelfaser. Die Calciumfreisetzung ihrerseits wird durch einen Nervenimpuls ausgelöst; die Signalübertragung von Nerven- zu Muskelzellen funktioniert genau wie die im vorigen Abschnitt besprochene synaptische Übertragung zwischen Nervenzellen. Alternativ kann die Calciumfreisetzung auch direkt durch einen elektrischen Impuls von außen verursacht werden; die Zuckungen der Froschmuskel in den Experimenten von Galvani und Volta gehen auf diesen Effekt zurück. Gespeichert wird das Calcium in einem Membransystem innerhalb der Muskelzelle, und dorthin wird es auch anschließend zurückgepumpt (die ATP-getriebene Calciumpumpe vom P-Typ kann man im unteren Teil von Abbildung 4.3 auf Seite 101 bewundern).

Calcium als Bestandteil von Signalübertragungsprozessen kennen wir aus Kapitel 8; hier sieht man ein zweites Beispiel für diese wichtige Funktion. Entdeckt hat die entscheidende

Rolle des Calciums für die Muskelaktivität Sidney Ringer in London im Jahr 1883. Er untersuchte Rattenherzen und verwendete für seine Lösungen das harte, stark calciumhaltige Londoner Leitungswasser. Damals gab es noch keine Anlagen zur Entsalzung und Reinigung des Wassers, und «destilliertes Wasser» musste tatsächlich mühselig durch Destillation gewonnen werden, Tropfen für Tropfen. Das war Doktor Ringer wohl zu aufwendig. Eines Tages aber, vielleicht in einem Anfall von schlechtem Gewissen, verwendete er doch einmal das kostbare Nass – und musste erstaunt feststellen, dass ausgerechnet in dieser so penibel bereiteten Lösung die Rattenherzen nach kurzer Zeit zu schlagen aufhörten. Es handelt sich bei dieser Anekdote um einen der wenigen Fälle, wo Schlamperei im Labor sich durch wichtige Entdeckungen auszahlt (alle Studenten und Doktoranden seien vor vorschnellen Verallgemeinerungen gewarnt).

Die Ausführungen bis hierher beziehen sich übrigens hauptsächlich auf den *Skelettmuskel* der Wirbeltiere, also jenen Muskeltyp, an den man beim Stichwort «Muskeln» als Erstes denkt und dem die Herren Schwarzenegger und Stallone ihren Erfolg in Hollywood verdanken. Es gibt aber noch weitere Muskeltypen, zum Beispiel den Darmmuskel und den Herzmuskel der Wirbeltiere oder den Flugmuskel der Insekten, die sich alle in bestimmten Details voneinander unterscheiden.

Jeder einzelne Muskel ist dabei im Hinblick auf seine Aufgabe optimiert: Herzmuskeln beispielsweise müssen keine sehr große Kraft entwickeln, aber sie müssen ermüdungsfrei eine *Dauerbelastung* ertragen – buchstäblich ein Leben lang. Andere Muskeln sind für *maximale Kraftentwicklung* ausgelegt: Der Schalenschließmuskel der Muscheln kann (bezogen auf den Muskelquerschnitt) zweieinhalbfach größere Kraft ausüben als beispielsweise der menschliche Bizeps. Er erreicht damit im lebenden Zustand eine Festigkeit, die bei Wirbeltiermuskeln erst in der Totenstarre auftritt. Wieder andere Muskeln sind auf *größtmögliche Schnelligkeit* ausgelegt, so zum Beispiel die Beinmuskeln von Tieren, die für den Sprint benötigt werden.

Manchmal gibt es selbst bei ein und demselben Muskel in verschiedenen Tieren starke Unterschiede: Der Biologe Colin Pennycuick hat darauf hingewiesen, dass menschliche Fingermuskeln für die Feinmotorik optimiert sind, die viele schnelle, kleine Bewegungen erfordert. Für dauerhafte hohe Belastungen hingegen sind unsere Finger nicht gemacht, weshalb ein Mensch nur für sehr kurze Zeit an einem Fensterrahmen hängen kann. Der Ausdruck «Cliffhanger» bezeichnet genau deshalb einen Moment höchster Spannung im Abenteuerfilm oder Krimi. Orang-Utans hingegen haben damit überhaupt kein Problem, ihre Fingermuskeln sind für stundenlanges Hängen in den Bäumen ausgelegt. (Dafür finden sich ausgesprochen wenige Orang-Utans unter den weltberühmten Konzertpianisten.)

Ein wichtiger Aspekt, in dem sich die verschiedenen Muskeln unterscheiden, ist der *Kompromiss zwischen Geschwindigkeit und Effizienz*, dem wir schon in Kapitel 2 begegnet sind ↗ **Geschwindigkeit und Entropieproduktion: Abschnitt 2.2 und 10.2** Der Wirkungsgrad beschreibt in diesem Fall das Verhältnis aus geleisteter Arbeit und dem Energieaufwand durch ATP-Verbrauch. Besonders effizient sind die Muskeln, die besonders langsam arbeiten; ein Muskel im Oberschenkel einer Schildkröte nutzt die Energie der ATP-Moleküle beispielsweise zu 74 Prozent aus. Der Rückenmuskel des Huhns, der für das Flügelschlagen verwendet wird und der 18-mal schneller kontrahiert, erreicht hingegen nur einen Wirkungsgrad von 20 Prozent.

Das unterschiedliche Design der verschiedenen Muskeln erstreckt sich dabei auf alle Ebenen, vom kompletten Muskel bis herab zu den einzelnen Molekülen. Der Skelettmuskel beispielsweise wird auch als *quer gestreifter Muskel bezeichnet,* weil die einzelnen Fasern hier so regelmäßig ausgerichtet sind, dass sich ein mit bloßem Auge erkennbares Streifenmuster ergibt. Das ist beim Eingeweide- oder Herzmuskel nicht der Fall.

Besonders spannend sind die Unterschiede auf Molekülebene, weil man hier direkt sehen kann, wie die Evolution beim Tuning der molekularen Maschinerie vorgeht. Die Grundprinzipien des Systems Actin-Myosin und der Aktivierung durch Calcium gelten universell, und auch das Actin selber ist ein ausgesprochen konservatives Protein, das sich in der gesamten Evolution nur wenig geändert hat. Muskelmyosin hingegen kommt in vielen verschiedenen Formen vor, die jeweils für einen speziellen Muskeltyp optimiert wurden. Ein Beispiel, das Licht auf unsere eigene Evolution wirft, wurde 2004 von einem Team amerikanischer Wissenschaftler um Hansell Stedman aus Philadelphia analysiert. Unsere nächsten lebenden Verwandten, die Schimpansen, haben wie alle Menschenaffen eine sehr kräftige Kiefermuskulatur, und aus Skelettfunden weiß man, dass dies auch bei unseren eigenen Vorfahren aus der Gattung *Australopithecus* so war. Im Gegensatz dazu haben Menschen ausgesprochen kleine Kaumuskeln, und dies ist von Anfang an ein Markenzeichen unserer Gattung *Homo*, seit sie vor ungefähr zwei Millionen Jahren aus einem *Australopithecus* hervorging. Stedman und seine Mitarbeiter haben nun gezeigt, dass es im Gen für das Myosin unserer Kiefermuskulatur eine Mutation gegeben hat. Die Funktion der Köpfe ist davon nicht betroffen, aber die Schwänze, die das eigentliche Myosinfilament bilden, sind dadurch kleiner geworden. Resultat: Die gleiche Kraftentwicklung ist mit einem deutlich kompakteren Muskel möglich geworden. Es wird vermutet, dass durch die Verkleinerung von Kaumuskeln und Kiefer mehr Platz wurde für eine andere Struktur, die auch nicht unwichtig ist: den Hirnschädel. Diese Arbeit ist deshalb wichtig, weil hier ein spezieller Aspekt unserer Herkunft so rekonstruiert werden kann, dass die molekulargenetischen Daten mit anatomischen Vergleichen an lebenden Tieren und mit den paläontologischen Daten über ausgestorbene Formen ein Gesamtbild ergeben.

Damit ist unser Rundgang durch den Maschinenraum der Zelle abgeschlossen. Der Muskel bietet die Möglichkeit, abschließend noch einmal auf einen Punkt einzugehen, der schon mehrfach betont wurde: Die Apparaturen in der Zelle sind *molekulare Maschinen*, was bedeutet, dass sie in *manchen* Aspekten mit den makroskopischen Maschinen der Technik vergleichbar sind – aber nicht in allen. ↗ **Begriff «molekulare Maschine»: Abschnitt 2.3** Ein wichtiger Unterschied betrifft die unterschiedliche Rolle der molekularen Wärmebewegung, und gerade an den Muskeln kann man diesen Unterschied anschaulich machen.

Nach einer einfachen Formel ist *Arbeit gleich Kraft mal Weg.* Wenn man also eine Hantel vom Boden hochhebt, so kann man die dafür nötige Arbeit leicht ausrechnen; der Weg ist in diesem Fall die Höhe, um die die Hantel angehoben wird; die aufgewendete Kraft entspricht dem Gewicht der Hantel. Doch was passiert eigentlich, wenn man die Hantel anschließend am ausgestreckten Arm ganz ruhig hält? Die Hantel bewegt sich nicht weiter in die Höhe, also ist der Weg und damit die verrichtete Arbeit gleich null – und trotzdem kann diese Übung (je nach Hantel und Kondition) recht anstrengend sein. In der Nanowelt der molekularen Maschinen wird nämlich Energie benötigt, um eine Kraft aufrechtzuerhalten, selbst wenn dabei *keine Arbeit* verrichtet wird. Das ist in der makroskopischen Welt unserer Alltagserfahrung anders: Ein Tisch kann einen darauf abgestellten Teller beliebig lange an seinem Platz halten und so der Gewichtskraft des Tellers entgegenwirken – der Tisch verbraucht dafür keine Energie; bei einem Tisch ist es nicht nötig, Batterien zu wechseln oder Kraftstoff nachzufüllen. Doch der Nanoteller aus Abschnitt 2.3 hopst aufgrund der Wärmebewegung unentwegt vom Nanotisch, und um ihn *dauerhaft* auf dem Tisch zu platzieren, muss man ihn ständig *unter Energieaufwand* wieder zurückbefördern. Das entspricht genau der Situation in der Actin-Myosin-Maschinerie: Als molekulare Maschine mit zufällig wackelnden Myosinköpfen benötigt der Muskel Energie, um die Hantel zu halten, selbst wenn an der Hantel dabei keine Arbeit verrichtet wird. Aus diesem Grund ist selbst Stehen eine Energie verbrauchende Tätigkeit. Ein Erwachsener verbraucht für eine Stunde Stehen rund 160 Kilojoule (40 Kilokalorien), das ist ungefähr der Energiegehalt von zehn Gramm Schokolade.

FAZIT: **Die molekulare Basis der Muskelarbeit bilden die Eiweiße Actin und Myosin, wobei im Muskel eine besondere Myosinform vorkommt, die lange Filamente ausbildet. Muskelarbeit entsteht dadurch, dass Actin- und Myosinfilamente aneinander vorbeigleiten und so die Muskelfaser verkürzen. Angetrieben wird dies durch die Bewegung der ATP spaltenden Myosinköpfe. Reguliert wird die Muskelarbeit durch Calciumionen; nur in Gegenwart von Calcium ist das System Actin-Myosin aktiv. Diese Prinzipien gelten universell, aber in den Details unterscheiden sich viele verschiedene Muskeltypen je nach Organismus und spezieller Funktion.**

Teil III – Wieso, weshalb, warum?

10 Warum ist die Banane optimal?

Pangloß lehrte die Metaphysico-theologo-cosmologo-nigologie. Er bewies immer und immer wieder aufs trefflichste, daß es keine Wirkung ohne Ursache geben könne und daß auf dieser besten aller denkbaren Welten das Schloß des gnädigen Herrn Barons das allerschönste Schloß und die gnädige Frau Baronin die beste aller überhaupt möglichen Baroninnen sei. «Es ist erwiesen», pflegte er zu sagen, «daß die Dinge gar nicht anders sein können, als sie sind. Denn sintemal alles zu einem ganz bestimmten Zweck geschaffen ist, so ist alles notwendigerweise zum allerbesten Zweck erschaffen. Merkt also wohl auf: die Nasen sind zum Brillentragen da, und so tragen wir denn Brillen.»

Voltaire, *Candide oder der Glaube an die beste der Welten, I. Kapitel*

10.1 Von Bastlern und Designern

In diesem Buch tauchen ständig Formulierungen auf wie *die Evolution tut dieses oder jenes* und dergleichen mehr. Doch die Evolution ist keine Person, sie tut streng genommen nichts, sie verfolgt keine Ziele und entwirft keine biologischen Systeme. Das gilt genauso für andere Begriffe wie «die Natur» oder «die natürliche Selektion», die man auch oft so gebraucht, als würde sich dahinter eine Person oder zumindest eine greifbare Instanz verbergen. Es handelt sich immer um eine Redeweise, «als ob»: Für den menschlichen Verstand ist es eben besonders anschaulich, das Geschehen in der Natur so zu betrachten, *als ob* da jemand eine bestimmte Optimierungsstrategie verfolgen würde, *als ob* da bestimmte Designvorgaben erfüllt würden. Für Liebhaber selbstbezüglicher Formulierungen: Die Evolution hat unser Gehirn nun einmal so eingerichtet, dass wir gerne auf Personifikationen wie «die Evolution» zurückgreifen.

Doch was bedeutet Evolution genau? Hier muss man sich vor zwei populären Irrtümern hüten. Da ist erstens die Vorstellung, Evolution sei dasselbe wie Fortschritt, wie Höherentwicklung. Es muss sich aber jedes Lebewesen *in seiner jeweiligen Umwelt* bewähren – deshalb kann es keine allgemein gültigen Kriterien für Höherentwicklung geben. Ein Lebewesen als «hochstehend» oder «hochentwickelt» zu bezeichnen, ist oft lediglich eine Umschreibung für *menschenähnlich*. Das gilt auch für die moderne Variante dieser Denkweise, bei der oft statt von Höherentwicklung von einer «Zunahme der Komplexität» geredet wird. Denn warum sollte Komplexität ein universelles Ziel der Lebewesen sein? Die Bakterien existieren seit Milliarden Jahren in einem Zustand sehr geringer Komplexität, und sie sind sehr erfolgreich dabei.

Die zweite irrige Vorstellung ist das Bild der Evolution als blutiger Vernichtungskampf der Lebewesen untereinander. Tatsächlich ist *Konkurrenz* ein Schlüsselbegriff der Evolutionsbiologie, aber damit ist nur selten eine direkte Konfrontation gemeint. Es geht auch nicht immer um Leben und Tod, wie die Formulierung «Überleben des Tüchtigsten» suggeriert, die Darwin von dem Philosophen Herbert Spencer übernommen hat. Bei der Konkurrenz der Lebewesen geht es in erster Linie um die erfolgreiche Fortpflanzung, und dieser obersten Direktive sind alle anderen Aspekte der biologischen Konstruktion untergeordnet. Intelligenz, Größe, Stärke, Schnelligkeit, Langlebigkeit, Resistenz gegen Infektionen – nichts davon ist für die Evolution ein Selbstzweck, und sie strebt niemals nach der «bestmöglichen Lösung» in einem abstrakten Sinn, wenn damit nicht gleichzeitig Vorteile bei der Fortpflanzung verbunden sind.

Ein aktuelles Ergebnis zum Thema Altern und Lebensspanne zeigt das sehr anschaulich. Bei dem Fadenwurm *Caenorhabditis elegans* führt die Mutation eines einzigen Gens namens SGK-1 zu einer dramatischen Zunahme der Lebenserwartung: Die Mutantenwürmer leben anderthalbmal so lange wie ihre normalen Vettern. Und dabei sind sie bis ins biblische Alter von 21 Tagen noch gesund und rüstig, denn auch die Alterungsvorgänge werden stark gebremst. Doch wenn ein Leben ohne SGK-1 so viel besser ist, warum hat dann die Evolution das Ding nicht längst eliminiert? Die Frage gewinnt an Bedeutung, weil ein fast identisches Gen auch beim Menschen vorkommt. Des Rätsels Lösung ist einfach: Neben anderen verlangsamten Vorgängen sind auch Reifung und Vermehrung bei der SGK-1-Mutante des Fadenwurms deutlich gestört. Deshalb hätte diese Mutante unter natürlichen Bedingungen keine Chance gegenüber der Konkurrenz, die zwar kürzer lebt und von vielerlei Zipperlein geplagt wird, aber dafür viel vermehrungsfreudiger ist. ↗ **Vorgänge beim Altern: Abschnitt 5.3**

Wir haben schon mehrfach der Vergleich zwischen technischen Maschinen und biologischen Gebilden bemüht und wollen nun das Thema noch weiter treiben. Zwar bringt die Evolution neue Lösungen durch blindes, zufälliges Herumprobieren, durch zufällige Abwandlungen bestehender Lösungen hervor, nicht durch planvolle Entwürfe am Reißbrett. Die Evolution ist eine unbedarfte Bastlerin, keine rational vorgehende Ingenieurin. Dennoch gibt es Analogien zwischen den Problemen, die die Evolution dabei meistern muss, und dem Prozess der Produktentwicklung in der Technik.

Nehmen wir als Beispiel einen Automobilkonzern. Zunächst ist klar, dass es nicht «das optimale Kraftfahrzeug» schlechthin geben kann, denn etwa für Baumaschinen, Reisebusse oder Sportwagen gelten jeweils ganz unterschiedliche Anforderungen. Diese verschiedenen Segmente des Fahrzeugmarktes entsprechen den unterschiedlichen ökologischen Nischen, den unterschiedlichen Lebensweisen in der Natur: Was für ein Tier eine optimale Lösung darstellt, muss für eine Pflanze noch lange nicht geeignet sein. Deshalb, um noch einmal darauf zurückzukommen, kann es auch kein universelles Kriterium für «hochentwickelte» Organismen geben.

Obendrein müssen auch für jeden einzelnen Fahrzeugtyp stets Kompromisse zwischen verschiedenen, oft widersprüchlichen Anforderungen von Herstellern, Käufern und Gesetzgebern gefunden werden. *Maximale Motorleistung* und *minimaler Treibstoffverbrauch* lassen sich nicht gleichzeitig erreichen, und so muss hier eine Abwägung stattfinden. Genauso sind in der Biochemie zum Beispiel die *Effizienz der Energieausnutzung* und eine *hohe Rate des Stoffwechsels* widersprüchliche Anforderungen, die gegeneinander ausbalanciert werden müssen.

Und schließlich gibt es in beiden Fällen ein *Masterkriterium*, dem alle anderen sich unterzuordnen haben: In der Evolution ist dies die erfolgreiche Fortpflanzung, wie wir gesehen haben. Analog steht im Automobilbau die Verkäuflichkeit des Produktes über allen anderen Erwägungen: Ein «optimales» Fahrzeug nützt dem Unternehmen gar nichts, wenn es keinen Markt dafür gibt! (Manche Konzerne brauchen etwas länger, um diesen Punkt zu begreifen.)

Deshalb gibt es auch keinen Gegensatz zwischen den Aussagen «*Die Konstruktion eines Autos muss den physikalisch-technischen Gesetzen gehorchen*» und «*Die Konstruktion eines Autos muss den Gesetzen der Marktwirtschaft gehorchen*». Sie beschreiben lediglich verschiedene Aspekte. Ich betone das, weil es auch hier eine Analogie zur Biologie gibt. Im Verlauf des zwanzigsten Jahrhunderts entstanden verschiedene *Theorien der Selbstorganisation*, und gelegentlich trifft man auf die irrige Ansicht, damit sei Darwins Theorie überholt: Biologische Strukturen und das Leben überhaupt verdanken sich den physikalisch-chemischen Gesetzen der Selbstorganisation, wozu braucht man noch die natürliche Selektion? Doch das ist Unfug, weil es hier um verschiedene Ebenen geht. Selektion bedeutet ja Auswahl, doch Auswahl wozwischen? Die Gesetze von Physik und Chemie ermöglichen überhaupt erst die

Strukturen, unter denen dann die Selektion auswählt. Organismen werden von *beidem* geformt, von den universellen Naturgesetzen ebenso wie von den Zufällen der Evolution.

Dieses *Sowohl-als-auch* reicht zurück bis zum Ursprung des Lebens. Gerade hier war es von Bedeutung, dass physikalische und chemische Prozesse schon gebrauchsfertige molekulare Ordnung bereitstellten und so die Schwelle für den Beginn des Lebens erniedrigten. So wurde die junge Erde aus dem Weltall geradezu mit geeigneten Startmaterialien bombardiert, die sich im kosmischen Staub und in Meteoriten befanden. Darunter waren sogar lipidähnliche Stoffe, die bei Kontakt mit Wasser spontan Membranen und zellähnliche Bläschen bilden – das Prinzip der Zelle stand der Evolution vermutlich von Anfang an zur Verfügung. Deshalb stimmt streng genommen nicht, was im Vorwort über den Beginn des Lebens gesagt wurde: Die Evolution musste nicht wirklich bei null anfangen.

FAZIT: **Ein Schlüsselbegriff der Evolutionstheorie ist die Konkurrenz der Lebewesen. Damit ist jedoch nicht der mörderische Kampf aller gegen alle gemeint, vielmehr konkurrieren Lebewesen in erster Linie durch mehr oder weniger erfolgreiche Fortpflanzung. Diesem obersten Ziel sind alle anderen Aspekte der biologischen Konstruktionen untergeordnet, und andere Merkmale wie Intelligenz, Körperkraft oder Langlebigkeit stellen für die Evolution niemals einen Selbstzweck dar.**

10.2 Von Geizhälsen und Verschwendern

Commander James T. Kirk hat es auf den Punkt gebracht: «Energie, Scotty!» Energie ist nicht einfach irgendeine von diesen vielen Größen, die einem im Physikunterricht mit oft mäßigem Erfolg nahegebracht werden. Energie ist für Prozesse in der Natur von fundamentaler Bedeutung. Auch für alle biologischen Vorgänge gilt das: Zellteilung und Wachstum, Fortpflanzung und Aufzucht von Nachwuchs – alles nur mit ausreichenden Energiequellen möglich. Wenn wir also im vorherigen Abschnitt gesagt haben, Organismen konkurrieren durch mehr oder weniger erfolgreiche Vermehrung, so müssen wir jetzt die Energie ins Boot holen: Ein wichtiger Aspekt von Konkurrenz ist die *Konkurrenz um die Ressourcen*, welche alle Lebensvorgänge erst ermöglichen. Der Erste, der auf diesen Aspekt deutlich hingewiesen hat, war wohl der amerikanische Evolutionsforscher Leigh van Valen, dessen Artikel «Energy and Evolution» 1976 erschien. Er schrieb: «Energie verursacht Evolution, so wie sie jeden anderen Prozess verursacht.» ↗ **Energie als Triebkraft: Abschnitt 2.2**

Nun ist Energie ein knappes Gut. Die Pflanzen fangen mit Mühe einen kleinen Teil des Sonnenlichts ein, und auch Tiere sind direkt oder indirekt von dieser einmal gespeicherten Energiemenge abhängig. Obendrein wird praktisch keine Energie *dauerhaft* in der Biosphäre gespeichert; das, was die Lebewesen insgesamt als Entropie verheizen, ist exakt so viel wie das, was als eingefangenes Sonnenlicht nachgeliefert wird. Es handelt sich also um ein Nullsummenspiel – die Gesamtmenge der verfügbaren Energie ist mehr oder weniger konstant, und was eine Art gewinnt, müssen andere verlieren.

Wenn nun Energie gleichzeitig knapp und lebensnotwendig ist, dann sollten eigentlich alle Lebewesen darauf getrimmt sein, möglichst sparsam mit dieser entscheidenden Ressource umzugehen. Bei manchen Stoffwechselwegen kann man tatsächlich zeigen, dass sie im Hinblick auf energetische Effizienz optimiert sind. Das gilt auch für den gesamten Stoffwechsel bei manchen Tieren: Tiere aus Wüsten oder anderen kargen Lebensräumen haben oft eine deutlich geringere Stoffwechselrate als ihre nahen Verwandten aus üppigeren Umwelten, wo es mehr Energie zum Verfrühstücken gibt.

Auch der tropische Regenwald gehört zu den Gebieten mit begrenzten Energieressourcen. Das mutet zunächst erstaunlich an, denn gerade der Urwald ist der Inbegriff üppig wuchernden Lebens – aber der Anteil an Biomasse, der als Nahrung für größere Tiere nutzbar ist, ist sehr gering. Die südamerikanischen Faultiere, die für ihr wenig feuriges Temperament bekannt sind, haben als Antwort auf dieses Problem tatsächlich eine stark herabgesetzte Stoffwechselrate. In der Evolution unserer eigenen Art wurde eine andere Lösung gefunden: Die Ureinwohner der Regenwälder Südamerikas, Afrikas und Südostasiens sind relativ klein im Vergleich zu Menschen aus anderen Regionen, denn ein kleiner Körper verbraucht weniger Energie als ein großer. Ein sensationeller Fossilfund aus dem Jahr 2004 deutet an, dass dieser Weg zu besonders grazilem Körperbau auch schon von einer anderen Menschenart vor unserer Zeit beschritten wurde: Ein australisch-indonesisches Team fand auf der Insel Flores Knochen der bis dahin unbekannten Art *Homo floriensis*, die nur ungefähr einen Meter groß wurde und wohl eine lokale Anpassung an den indonesischen Tropenwald darstellt. (Einige Wissenschaftler haben diese Deutung übrigens angezweifelt und sehen in dem Skelett lediglich einen *Homo sapiens* mit pathologischem Kleinwuchs. Das ähnelt der Kontroverse, die es im neunzehnten Jahrhundert um den Neandertaler gab: Rudolf Virchow und andere sprachen ihm den Status einer neuen Menschenart ab und deuteten die Eigenheiten seiner Knochen als krankhafte Deformationen, Rachitis und dergleichen.)

Aber – wirklich ein großes Aber! – so einleuchtend diese

Überlegungen auch sind, sie erklären nicht alles. Die Maximierung der energetischen Effizienz (oder, anders formuliert, die Minimierung von Energieverlusten) ist nicht das oberste Gebot für die Evolution, und es gibt viele Beispiele von erfolgreichen Lebewesen mit verschwenderischem Stoffwechsel. Offensichtlich muss die Evolution Kompromisse finden, bei denen neben dem sparsamen Treibstoffverbrauch noch ganz andere Gesichtspunkte wichtig sind.

Denn: «Wer zu spät kommt, den bestraft das Leben!» Dieser schöne Satz gilt nicht nur für reformunwillige Parteidiktaturen, er kann auch als Leitmotiv für die gesamte Evolution dienen. Evolution ist ein *Prozess*, sie spielt sich *in der Zeit* ab, und so ist Schnelligkeit oft viel wichtiger als Sparsamkeit. Erinnern wir uns an das oben Gesagte, wonach insbesondere die unterschiedliche *Fortpflanzungsrate* verschiedener Organismen über ihren evolutionären Erfolg entscheidet.

Der Kompromiss zwischen Effizienz und Geschwindigkeit ist uns bereits in Abschnitt 2.2 begegnet: Die thermodynamische Analyse zeigt, dass es von Vorteil sein kann, einen Teil der Energie zu opfern, wenn dadurch der Gesamtprozess schneller wird. Der optimale Betriebspunkt für biologische Energiewandler kann deshalb je nach den Umständen ein sparsamer oder auch ein verschwenderischer Umgang mit der Energie sein. Es gibt also verschiedene Kriterien für das optimale Funktionieren des Stoffwechsels, und viele Lebewesen schalten flexibel zwischen verschiedenen Gängen der Stoffwechselmaschinerie hin und her.

Bakterien nutzen zum Beispiel die verfügbare Energie möglichst effizient, wenn die Nahrung knapp ist. Bei reichlichem Nahrungsangebot hingegen scheren sie sich nicht mehr um Sparsamkeit und setzen stattdessen auf schnellstmögliches Wachstum – die Konkurrenz schläft nicht. Ein vergleichbares Umschalten gibt es in unseren Muskeln: Bei normalen Bewegungen im

Alltag und auch beim Dauerlauf wird der Energiebedarf durch *Atmung* gedeckt. Dabei wird Traubenzucker vollständig abgebaut und die darin enthaltene Energie so weit wie möglich verwertet. ↗ **Traubenzucker als Treibstoff der Atmung: Abschnitt 5.1** Beim Sprint hingegen wird auf *Gärung* umgeschaltet. Das ist ineffizient, weil der Traubenzucker nur bis zur Milchsäure abgebaut wird, aber darauf kommt es beim Sprint eben nicht an: Die Gärung kann kurzfristig viel ATP liefern, weil sie – anders als die Atmung – nicht auf die Versorgung mit Sauerstoff angewiesen ist.

Zudem gibt es in den Mitochondrien spezielle Eiweiße, die unter bestimmten Umständen die Effizienz *gezielt herabsetzen*, indem sie Verlustreaktionen herbeiführen. Da ist zum Beispiel bei vielen Eukaryonten das Protein AOX, das Elektronen aus der Atmungskette abzweigt. Die Elektronen landen am Ende immer noch beim Sauerstoff (es entsteht also Wasser), aber sie pumpen unterwegs keine Wasserstoffionen mehr. Andere Proteine namens UCP sind Ionenlöcher: Gepumpte H^+-Ionen fließen zurück durch die Mitochondrienmembran, ohne dabei ATP zu bilden. ↗ **H^+-Ionen und ATP-Bildung: Abschnitt 5.2 und 7.1** Ähnliche vermeintlich sinnlose und unproduktive Reaktionen kennt man auch bei Bakterien. Die Funktionen dieser Verlustreaktionen versteht man erst allmählich. Wie in Abschnitt 5.3 erwähnt, scheint es sich um Sicherheitseinrichtungen zu handeln, eine Art Überdruckventile, die zum Beispiel die Bildung von schädlichen, aggressiven Sauerstoffverbindungen verhindern.

Allerdings muss die nicht verwertete Energie irgendwo bleiben, da ist die Thermodynamik unerbittlich: Wenn Elektronen oder Wasserstoffionen umgesetzt werden, ohne dass ihr Energiegehalt für produktive Reaktionen (ATP-Bildung) genutzt wird, dann entsteht mehr Wärme. Manche Pflanzen verwenden deshalb solche Verlustreaktionen, um ihre Blüten zu beheizen. Dadurch werden die Duftstoffe verstärkt freigesetzt, und Insekten werden angelockt. Die Blüten der Victoriaseerose zum Beispiel

Abbildung 10.1: Die Victoriaseerose, eine Blüte mit Heizung

(Abbildung 10.1) werden so bis zu 10 °C wärmer als ihre Umgebung. Ein klarer Fall von Energieverschwendung, die von der Evolution belohnt wird.

Das gilt auch für die Warmblütigkeit. Warmblüter benötigen vier- bis achtmal so viel Nahrung wie Kaltblüter, weil sie den Körper auf einer konstant hohen Temperatur halten, und das kostet reichlich Energie. Obendrein gibt es für Warmblüter in trockenen Gegenden ein weiteres Handicap, die Austrocknung: Da sie eine höhere Stoffwechselrate haben, müssen sie mehr atmen, und beim Ausatmen geht viel Feuchtigkeit verloren.

Diesen Nachteilen steht ein ganzes Bündel von Vorteilen gegenüber. Nerven, Muskeln und auch die Verdauung arbeiten besser durch die konstant erhöhte Körpertemperatur. Warmblüter sind in ihrer Aktivität von der Sonnenwärme unabhängig und können auch kalte Lebensräume besiedeln oder nachtaktiv sein. Zudem ist die Wachstumsrate bei Warmblütern höher, und sie

Abbildung 10.2: Wann ist ein Vogel ein Vogel? Die chinesische Jehol-Fauna

erreichen schnell den ausgewachsenen Zustand. Aufgrund ihrer Vorzüge hat sich die Warmblütigkeit (mindestens) viermal unabhängig im Tierreich entwickelt: bei den Haien innerhalb der Knorpelfische, bei den Makrelen und Thunfischen innerhalb der Knochenfische, bei den Säugetieren beziehungsweise ihren Reptilienvorfahren und schließlich bei den Vögeln und den Theropoden, ihren Vorfahren innerhalb der Dinosaurier.

Landlebende Warmblüter haben Mechanismen zur Wärmeisolierung entwickelt: das Fell bei den Säugern und die Federn bei den Theropoden. Der Übergang von diesen räuberischen Dinosauriern (kleinen Verwandten des *Tyrannosaurus Rex*) zu den Vögeln ist durch viele Fossilien dokumentiert, und mittlerweile kennt man etliche Dinosaurier mit typischen Vogelmerkmalen, insbesondere Federn. Diese Federn waren zuerst da, nämlich als Isolierung, und das Fliegen kam erst danach, als positiver Nebeneffekt der Befiederung. Das erklärt auch, woher «plötzlich» die Federn auftauchten, als die ersten Vögel anfingen zu fliegen. Abbildung 10.2 zeigt die chinesische Jehol-Fauna vor rund 125 Millionen Jahren, die von gefiederten Dinosauriern und frühen vogelartigen Formen nur so wimmelte. Neue Funktionen können schlagartig aus bereits bestehenden Strukturen entstehen – von diesem Trick macht die Evolution sehr oft Gebrauch. (In Abschnitt 3.4 haben wir gesehen, wie das auf der molekularen Ebene funktioniert: Durch Genverdoppelung können ganz neue Enzyme auftauchen.)

Auf der Ebene der Zellen zeigen sich ebenfalls spezielle Anpassungen der Warmblüter: Pro Zelle haben sie mehr Mitochondrien, und das einzelne Mitochondrium hat eine höhere Stoffwechselrate als bei Kaltblütern. Dabei wird mehr Sauerstoff verbraucht und mehr Brennstoff verbrannt, aber nicht mehr ATP gebildet. Weiter oben sind wir gerade Wärme erzeugenden H^+-Ionenlecks namens UCP begegnet. Bei kleinen Säugetieren und auch bei menschlichen Neugeborenen gibt es ein besonderes Fettgewebe, dessen Mitochondrien reichlich UCP enthalten und das tatsächlich die Funktion einer Heizung hat.

Größere Säugetiere benötigen hingegen keine speziellen Strukturen als Heizung. Bei ihnen sind einfach *alle* wichtigen Reaktionen des Stoffwechsels mit relativ großer Abwärmeproduktion verbunden, und das reicht aus, um in der Summe den Körper warm zu halten. In Abschnitt 5.2 wurde die Bilanz der ATP-Bildung in den Mitochondrien präsentiert: Der Wirkungsgrad aller Teilreaktionen liegt hier bei rund 50 Prozent, der Rest ist Abwärme. Und damit nicht genug: Wenn man sich ansieht, was der Körper anschließend mit dem ATP macht, dann zeigen sich ebenfalls Verluste an allen Ecken und Enden. Bei einem Säugetier im Ruhezustand geht ein ganzes Drittel des gesamten ATP-Bedarfs allein auf die Natrium-Kalium-Pumpe zurück. Diese Ionenpumpe hat einen Wirkungsgrad von rund 60 Prozent, also nur 60 Prozent der eingespeisten Energie werden tatsächlich für das Pumpen von Natrium- und Kaliumionen ausgenutzt, der Rest ist Abwärme. ↗ **Ionenpumpen in der Membran: Kapitel 4; Funktion der Nervenzellen: Abschnitt 9.1** Insgesamt gibt es viele einzelne Reaktionen, sowohl bei der Bildung als auch beim Verbrauch von ATP, die alle zusammen einen erheblichen Teil der Energie aus der Nahrung in Körperwärme umwandeln.

Nun gut, bei Warmblütern wird Stoffwechselenergie im wahrsten Wortsinn verheizt, und auch bei den anderen Organismen gibt es Verlustreaktionen, die von der natürlichen Selektion gefördert wurden. Daraus kann man aber keineswegs den Schluss ziehen, dass Effizienz generell unwichtig ist. Wie wir in Abschnitt 5.3 gesehen haben, gibt es eine Reihe von schweren Erkrankungen der Nerven und Muskeln, die durch einen herabgesetzten Wirkungsgrad der Mitochondrien verursacht werden. Offensichtlich wandelt die Evolution hier auf einem ganz schmalen Grat zwischen verschiedenen Erfordernissen. Und was für den Energieeinsatz gilt, gilt auch für alle anderen Bereiche: Stets müssen biologische Konstruktionen eine Vielzahl von Kriterien gleichzeitig erfüllen. Dazu gehört zum Beispiel auch, dass die Maschinerie der Zelle nicht nur *nach ihrem Zusammenbau* funktionieren muss, sondern sie muss auch so konstruiert sein, dass sie *sich selbst zusammenbauen* kann. Ein Beispiel dafür haben wir beim Flagellenmotor der Bakterien in Abschnitt 7.1 kennengelernt. Einige der wichtigsten Maschinen in der Zelle sind riesige Komplexe mit mehreren Dutzend Untereinheiten, und die Frage, wie diese eigentlich in der richtigen Reihenfolge und den richtigen Positionen zusammenfinden, ist ähnlich verzwickt wie das Proteinfaltungsproblem.

FAZIT: **Energie wird für sämtliche biologischen Vorgänge benötigt. Die evolutionäre Konkurrenz beinhaltet deshalb immer auch Konkurrenz um Energiequellen. Weil Energie knapp ist, hat in vielen Fällen eine Optimierung im**

Hinblick auf möglichst sparsamen Energieeinsatz stattgefunden. Andererseits kann die «Verschwendung» von Energie aber auch Vorteile einbringen, die alle Nachteile des erhöhten Energiebedarfs überkompensieren. Ein Beispiel ist die Warmblütigkeit, die sich bei Tieren mindestens viermal unabhängig entwickelt hat.

10.3 Ein Uhrwerk aus Pudding?

Begriffe wie *molekulare* oder *biologische Maschine* legen die Vorstellung eines *exakt* funktionierenden Apparates nahe. Der Archetyp der Maschine ist seit der Renaissance das Uhrwerk, es verkörpert solche Vorstellungen von Regelmäßigkeit und Verlässlichkeit. Nun besteht aber die Maschinerie der Zellen aus Eiweißen, Nukleinsäuren, Zuckern, Lipiden und so weiter, und vor allem aus viel Wasser: Die biologische Maschinerie ist ein Pudding und lässt sich mit dem Bild des Uhrwerks nur schwer zur Deckung bringen. Vor allem sind die Teile dieses zellulären Puddings von molekularen Abmessungen, daher sind sie der unablässigen Wärmebewegung der Nanowelt unterworfen. Ein Uhrwerk, bei dem die Zahnräder statistisch hin und her hopsen, ist kein stimmiges Bild.

Eine wichtige Konsequenz aus dem molekularen Aufbau der Zellmaschinen ist deshalb das wärmebedingte *Rauschen.* ↗ **Biologische Verstärker und Rauschen: Kapitel 8** Und die Folgen von Rauschen und Wärmegezappel sind besonders dann gravierend, wenn nur wenige Moleküle beteiligt sind, weil sich dann die Schwankungen nicht durch das «Gesetz der großen Zahl» wegmitteln. Dies gilt zum Beispiel für das Ablesen von Genen und die Übersetzung der Erbinformation in Eiweiße: Genetisch identische Zellen unter identischen Bedingungen verhalten sich nicht exakt gleich, weil sie unterschiedlichen zufälligen Fluktuationen ausgesetzt sind. Darauf gehen vermutlich auch einige der Unterschiede zwischen eineiigen Zwillingen zurück, die zum Beispiel keine identischen Fingerabdrücke haben, obwohl sie genetisch identisch sind.

Weil molekulare Zufallsereignisse nun einmal unvermeidlich sind, hat die Evolution mit ihnen zu leben gelernt, aber sie macht obendrein von ihnen auch konstruktiv Gebrauch. Ein Beispiel dafür betrifft das Auge: Wie wir in Kapitel 8 gesehen haben, gibt es verschiedene Rezeptortypen in der Netzhaut, die für unterschiedliche Lichtqualitäten empfindlich sind. Diese unterschiedlichen Zelltypen sind vollkommen gleichmäßig verteilt, doch dafür braucht es keinen übergeordneten Steuerungsmechanismus, der bei der Embryonalentwicklung den einzelnen Rezeptoren ihre Plätze anweist. Das gleichmäßige Mosaik verschiedener Rezeptoren kommt vielmehr rein statistisch zustande: Durch Zufall entscheiden sich die einzelnen Zellen für ihren jeweiligen «Berufsweg» (sprich: Nur bestimmte Gene werden aktiviert, andere nicht). Das hat ein Team um Claude Desplan von der New York University für das Auge von Fliegen gezeigt, und die Autoren vermuten, dass dieser Mechanismus auch bei uns Wirbeltieren am Werk ist.

Weil das Wärmegezappel eine uhrwerksartige Präzision der biologischen Maschinerie verhindert, ist es aber auch für die häufigen Fehler im Zellgeschehen verantwortlich. Zwei solcher Betriebsunfälle haben wir beim Rundgang durch den Maschinenraum der Zelle aus der Nähe betrachtet: zum einen die falsche Faltung von neu gebildeten Eiweißen (Abschnitt 3.3), zum anderen die falsche Sortierung von Chromosomen bei der Zellteilung (Abschnitt 7.2). Das Erfolgsrezept der Natur ist deshalb nicht das fehlerfreie Funktionieren, wie es in der menschlichen Technik angestrebt wird, sondern ganz im Gegenteil eine außerordentlich hohe Fehlertoleranz. Dazu trägt insbesondere das Prinzip

Sicherheit durch Redundanz bei: Viele Funktionen in der Zelle können von mehr als einem System wahrgenommen werden. Deshalb erweisen sich auch etliche «lebensnotwendige» Proteine als verzichtbar, wie man nach und nach erkennt. Ein Beispiel aus Kapitel 3 ist der rote Muskelfarbstoff Myoglobin: Es gibt Mäuse, die ganz ohne diesen Sauerstoffüberträger auskommen. In der Technik wird das Konzept der Back-up-Systeme hingegen nur begrenzt eingesetzt. Kernkraftwerke haben mehrere Kühlkreisläufe, und ein Spaceshuttle hat mehrere Bordcomputer – aber das sind Ausnahmen, in denen es um besonders kritische Funktionen geht. In der Mehrzahl unserer Schöpfungen gibt es für eine Aufgabe auch nur ein Bauteil: Wenn der Keilriemen gerissen ist, dann ist er eben gerissen.

Die ausgetüftelten Konstruktionen der Natur werden mittlerweile auch von der Technik nachgeahmt, und dabei geht es nicht nur um diesen Aspekt Sicherheit durch Redundanz. Der polnische Philosoph und Science-Fiction-Autor Stanisław Lem hat schon vor mehr als vierzig Jahren die Verschmelzung von Biologie und Technik als wichtigen Zukunftstrend vorhergesagt: Auf der einen Seite unterliegen die Lebewesen immer stärker dem menschlichen Zugriff, etwa in der Gentechnik. Dazu gehört auch die technische Auf- und Nachrüstung des menschlichen Körpers durch Prothesen, Implantate, Herzschrittmacher bis hin zu künstlichen Herzen und künstlichen Nieren. Auf der anderen Seite wird die Technik ihrerseits immer biologischer. Inzwischen gibt es eine ganze Reihe von Ansätzen in dieser Richtung, die oft überlappen und auch für Eingeweihte nur schwer abzugrenzen sind: Bionik, Biomimetik, Nanotechnik, Bionanotechnik, Biotechnik und Synthetische Biologie sind die Schlagworte.

In manchen Fällen geht es lediglich darum, allgemeine Strategien und Prinzipien der Natur zu übernehmen. Verschiedene Arbeitsgruppen haben mittlerweile molekulare Motoren konstruiert, die entfernt der ATP-Synthase aus Abschnitt 7.1 ähneln.

Dabei ist aber nur das Konzept *drehender Rotor – fest stehender Stator* übernommen; es handelt sich nicht um Eiweiße, und auch die Energiequelle für die Rotation ist nicht aus der Natur entlehnt. In anderen Fällen werden jedoch auch konkrete biologische Materialien für technische Anwendungen genutzt. Die natürliche Photosynthese als Vorbild für Wasserstoffgewinnung durch künstliche Systeme haben wir bereits in Abschnitt 6.2 kennengelernt. Auch bei der anschließenden Nutzung des Wasserstoffs kann die Natur möglicherweise Vorbild sein: Bisher wird Wasserstoff in Brennstoffzellen in Strom umgewandelt, für die man Platinelektroden verwendet. Platin ist aber reichlich teuer, und die Elektroden sind sehr empfindlich gegenüber Verunreinigungen. Ein Team um die Mikrobiologin Bärbel Friedrich (Berlin) und den Chemiker Fraser Armstrong (Oxford) hat deshalb kürzlich vorgeschlagen, metallhaltige Eiweiße, wie sie auch in den natürlichen Brennstoffzellen der Atmungsketten vorkommen, für neuartige Elektrodenmaterialien zu nutzen. ↗ **Atmungskette: Abschnitt 5.1**

Neben der Redundanz – also mehrere Strukturen für eine Funktion – gibt es in der Zellmaschinerie auch den umgekehrten Fall sehr oft, also mehrere Funktionen *für eine Struktur*. Dadurch ist der Stoffwechsel in hohem Maß verflochten, weil alle Bauteile und ihre verschiedenen Aufgaben ein ausgedehntes Netz bilden. Diese Besonderheit der biologischen Systeme wird allerdings die Technik auch in der Zukunft kaum nachahmen: Niemand wird ein Verkehrsflugzeug so konstruieren, dass der Bordcomputer gleichzeitig auch als Kaffeeautomat dient. In der menschlichen Technik hat fast jedes Teil seine scharf abgegrenzte Funktion. Die Evolution hingegen ist opportunistisch, sie verwendet für die Aufgaben in der Zelle, was immer gerade zur Hand ist. Ein Beispiel, das sich durch unser ganzes Buch zieht, ist ATP: Es ist die zentrale Energiewährung aller Zellen, gleichzeitig einer der vier Bausteine der Erbmoleküle RNA und DNA und obendrein noch ein Botenstoff bei manchen Nervenzellen (diese Aufzählung erhebt keinen Anspruch auf Vollständigkeit!). ↗ **Botenstoffe: Abschnitt 9.1** Im Z-Schema der Photosynthese waren wir einem Eiweißkomplex, dem Cytochrom-b_6f-Komplex, begegnet: Er dient eigentlich der Weiterleitung von Elektronen, ist aber *zusätzlich* ein Regler für die Verteilung der Lichtenergie zwischen den Photosystemen, wie man seit einigen Jahren weiß. ↗ **Z-Schema: Abschnitt 6.1** Hier haben immerhin noch *beide Funktionen* mit der Photosynthese zu tun, aber es gibt auch Fälle, wo gar kein Zusammenhang zwischen den verschiedenen Aufgaben einer Struktur besteht: Das Gegenstück zu Cytochrom b_6f, der Komplex III der Atmungskette, leitet auch Elektronen weiter – und ist obendrein an der Reifung von Eiweißmolekülen beteiligt. Und noch vor wenigen Jahren hätte niemand vermutet, dass die Mitochondrien – neben ihrer «eigentlichen» Rolle als Kraftwerke der Zelle – auch die Schaltzentrale für den programmierten Zelltod sind. ↗ **Apoptose: Abschnitt 5.3** Die zelluläre Maschinerie hält mit Sicherheit noch mehr derartige Überraschungen für uns bereit.

FAZIT: **Die zelluläre Maschinerie ist dem unablässigen Wärmegezappel der Moleküle unterworfen und funktioniert nicht mit der Präzision eines Uhrwerks. Fehler in den biochemischen Abläufen sind deshalb häufig, und Zellen sind dementsprechend fehlertolerant konstruiert. Dazu trägt insbesondere die Redundanz vieler Bauteile bei, deren Aufgaben auch von anderen Strukturen übernommen werden können. Umgekehrt sind viele Strukturen der Zellen in verschiedene Funktionen eingebunden, sodass sich insgesamt die Architektur eines dichten Netzes aus Bauteilen und Funktionen ergibt.**

Anhang

Danksagung

In diesem Buch wird eine breite Palette an Themen behandelt, und so stellt sich natürlich die Frage: Kann ein einzelner Autor überhaupt auf all diesen Gebieten gleichzeitig ein Experte sein, um sich dazu mit der nötigen Kompetenz zu äußern? Antwort: Er kann es nicht. Und so gilt mein Dank an erster Stelle jenen Heerscharen von Wissenschaftlerinnen und Wissenschaftlern, auf deren Arbeiten dieses Buch basiert: Rund 1500 Veröffentlichungen, hauptsächlich Artikel und daneben einige Bücher, habe ich gesichtet, um sie in der einen oder anderen Form in das Buch einfließen zu lassen. Und fast alle dieser Veröffentlichungen stammen von mehreren Leuten und beruhen auf langjährigen Vorarbeiten. Das macht deutlich, welch enorme Menge Arbeit hinter all den Themen steht, die oft nur in einem Halbsatz im Vorübergehen gestreift werden konnten. Von wenigen Ausnahmen abgesehen, müssen leider die meisten der beteiligten Wissenschaftler allein aus Platzgründen ungenannt bleiben.

Unbedingt namentlich genannt werden müssen allerdings all jene, die mir freundlicherweise Abbildungen zur Verfügung gestellt haben. Mein Dank geht hier an Prof. Dr. Wolfgang Baumeister (Martinsried), Prof. Dr. Egbert Boekema (Groningen), Prof. Dr. Carlos Bustamante (Berkeley), Prof. Dr. Terrence Fry (San Diego), Dr. Jochen Golecki (Freiburg), Kit Knotts (Cocoa Beach FL) und Prof. Dr. Zhonghe Zhou (Beijing).

Ganz besonderen Dank mit namentlicher Nennung verdienen ebenso alle, die mir ihre Zeit geopfert haben, um das Manuskript in Teilen oder sogar zur Gänze zu lesen und zu kommentieren. Dies sind aus dem Kreis der Freunde und Kollegen Dr. Axel Blokesch (Berlin), Jürgen Blümchen (†, Berlin), Prof. Dr. Roland Brandt (Osnabrück), Dr. Berndt Esper (Bochum), Dr. Jens Kurreck (Berlin), Gernot Otto (Pforzheim), Dr. Oliver Pänke (Berlin), Prof. Dr. Matthias Rögner (Bochum), Prof. Dr. Dirk Schneider (Freiburg), Dr. Thomas Schott (Bochum), Markus Teuber (Kiel), Dr. Ira Tremmel (Bonn), und aus meiner eigenen Familie Barbara Berry und Michael Berry. Nicht jeder Vorschlag und Änderungswunsch konnte am Ende berücksichtigt werden, aber es war für mich in allen Fällen sehr hilf- und aufschlussreich, durch diese Kommentare einmal das eigene Manuskript mit fremden Augen sehen zu können.

Und dann, zu guter Letzt, bedanke ich mich auch noch für den Beitrag meiner Tochter Charlotte, den man in den Abbildungen 6.2, 6.5 und 8.3 finden kann.

Literatur & Links

Wer *mehr* über die Themen dieses Buches wissen möchte, der sei zunächst an die einschlägigen Lehrbücher der Biochemie, Biophysik und Zellbiologie wie etwa den «Stryer», den «Voet» oder den «Karlson» verwiesen. Sie sind in jeder größeren Bibliothek oder Buchhandlung zu finden, und es wäre müßig, sie im Einzelnen aufzulisten. In der Regel gibt es von allen wichtigen Werken aus dem angloamerikanischen Raum auch deutschsprachige Übersetzungen. Wer *noch mehr* zu speziellen Themen wissen möchte, für den ist folgende Liste gedacht – hier ist aber alles auf Englisch und meist nicht für Einsteiger:

Alternative Energiequellen und Klimawandel

Bashyam R. und Zelenay P. (2006) A class of non-precious metal composite catalysts for fuel cells. *Nature* 443: 63–66.

Gur I., Fromer N. A., Geier M. L. und Alivisatos A. P. (2005) Air-Stable All-Inorganic Nanocrystal Solar Cells Processed from Solution. *Science* 310: 462–465.

Hansen J., Nazarenko L., Ruedy R., Sato M., Willis J. *et al.* (2005) Earth's Energy Imbalance: Confirmation and Implications. *Science* 308: 1431–1435.

Jacobson M. Z., Colella W. G. und Golden D. M. (2005) Cleaning the Air and Improving Health with Hydrogen Fuel-Cell Vehicles. *Science* 308: 1901–1905.

Long S. P., Ainsworth E. A., Leakey A. D. B., Nosberger J. und Ort D. R. (2006) Food for Thought: Lower-Than-Expected Crop Yield Stimulation with Rising CO_2 Concentrations. *Science* 312: 1918–1921.

Maeda K., Teramura K., Lu D., Takata T., Saito N. *et al.* (2006) Photocatalyst releasing hydrogen from water. *Nature* 440: 295.

Ragauskas A. J., Williams C. K., Davison B. H., Britovsek G., Cairney J. *et al.* (2006) The Path Forward for Biofuels and Biomaterials. *Science* 311: 484–489.

Root T. L., MacMynowski D. P., Mastrandrea M. D. und Schneider S. H. (2005) Human-modified temperatures induce species changes: Joint attribution. *Proc. Natl. Acad. Sci. USA* 102: 7465–7469.

Thuiller W., Lavorel S., Araujo M. B., Sykes M. T. und Prentice I. C.

(2005) Climate change threats to plant diversity in Europe. *Proc. Natl. Acad. Sci. USA* 102: 8245–8250.

Toda M., Takagaki A., Okamura M., Kondo J. N., Hayashi S. *et al.* (2005) Green chemistry: Biodiesel made with sugar catalyst. *Nature* 438: 178.

Vincent K. A., Cracknell J. A., Lenz O., Zebger I., Friedrich B. und Armstrong F. A. (2005) Electrocatalytic hydrogen oxidation by an enzyme at high carbon monoxide or oxygen levels. *Proc. Natl. Acad. Sci. USA* 102: 16951–16954.

Altern und Zelltod

Baur J. A., Pearson K. J., Price N. L., Jamieson H. A., Lerin C. *et al.* (2006) Resveratrol improves health and survival of mice on a high-calorie diet. *Nature* 444: 337–342.

Heilbronn L. K., de Jonge L., Frisard M. I., DeLany J. P., Larson-Meyer D. E. *et al.* (2006) Effect of 6-Month Calorie Restriction on Biomarkers of Longevity, Metabolic Adaptation, and Oxidative Stress in Overweight Individuals: A Randomized Controlled Trial. *JAMA* 295: 1539–1548.

Lakhani S. A., Masud A., Kuida K., Porter G. A., Jr., Booth C. J. *et al.* (2006) Caspases 3 and 7: Key Mediators of Mitochondrial Events of Apoptosis. *Science* 311: 847–851.

Matoba S., Kang J.-G., Patino W. D., Wragg A., Boehm M. *et al.* (2006) p53 Regulates Mitochondrial Respiration. *Science* 312: 1650–1653.

Pinkston J. M., Garigan D., Hansen M. und Kenyon C. (2006) Mutations That Increase the Life Span of *C. elegans* Inhibit Tumor Growth. *Science* 313: 971–975.

Reiter J., Herker E., Madeo F. und Schmitt M. J. (2005) Viral killer toxins induce caspase-mediated apoptosis in yeast. *J. Cell Biol.* 168: 353–358.

Scheckhuber C. und Osiewacz H. D. (2006) The Role of Mitochondria in Conserved Mechanisms of Aging. *Sci. Aging Knowl. Environ.* 2006: pe15.

Spierings D., McStay G., Saleh M., Bender C., Chipuk J. *et al.* (2005) Connected to Death: The (Unexpurgated) Mitochondrial Pathway of Apoptosis. *Science* 310: 66–67.

ATP-Synthese

Diez M., Zimmermann B., Börsch M., König M., Schweinberger E. *et al.* (2004) Proton-powered subunit rotation in single membrane-bound F_0F_1-ATP synthase. *Nat. Struct. Mol. Biol.* 11: 135–141.

Junge W. und Nelson N. (2005) Nature's Rotary Electromotors. *Science* 308: 642–644.

Rondelez Y., Tresset G., Nakashima T., Kato-Yamada Y., Fujita H. *et al.* (2005) Highly coupled ATP synthesis by F_1-ATPase single molecules. *Nature* 433: 773–777.

Ueno H., Suzuki T., Kinosita K. und Yoshida M. (2005) ATP-driven stepwise rotation of F_0F_1-ATP synthase. *Proc. Natl. Acad. Sci. USA* 102: 1333–1338. Dazu auch die Website http://www.res.titech.ac.jp/~seibutu/main.html?right/~seibutu/projects/f1_e.html

Chemiosmotische Theorie

Berry S. (2002) The Chemical Basis of Membrane Bioenergetics. *J. Mol. Evol.* 54: 595–613.

Harold F. M. (2001) Gleanings of a chemiosmotic eye. *Bioessays* 23: 848–855.

Orgel L. E. (1999) Are you serious, Dr Mitchell? *Nature* 402: 17.

Roskoski R. (2004) Wandering in the Gardens of the Mind: Peter Mitchell and the Making of Glynn. *Biochem. Educ.* 32: 64–65.

Sapra R., Bagramyan K. und Adams M. W. W. (2003) A simple energy-conserving system: Proton reduction coupled to proton translocation. *Proc. Natl. Acad. Sci. USA* 100: 7545–7550.

Cyanobakterien

Allwood A. C., Walter M. R., Kamber B. S., Marshall C. P. und Burch I. W. (2006) Stromatolite reef from the Early Archaean era of Australia. *Nature* 441: 714–718.

«Cyanobase» mit Daten speziell zur Genetik: http://www.kazusa.or.jp/cyano/cyano.html

«Cyanosite» mit vielfältigen Informationen: http://www-cyanosite.bio.purdue.edu/

Dalton R. (2002) Squaring up over ancient life. *Nature* 417: 782–784.

Mulkidjanian A. Y., Koonin E. V., Makarova K. S., Mekhedov S. L., Sorokin A. *et al.* (2006) The cyanobacterial genome core and the origin of photosynthesis. *Proc. Natl. Acad. Sci. USA* 103: 13126–13131.

Diffusion und Wärmebewegung

Bustamante C., Liphardt J. und Ritort F. (2005) The Nonequilibrium Thermodynamics of Small Systems. *Physics Today* 58: 43–48.

Parisi G. (2005) Brownian motion. *Nature* 433: 221.

Tremmel I. G., Kirchhoff H., Weis E. und Farquhar G. D. (2003) Dependence of plastoquinol diffusion on the shape, size, and density of integral thylakoid proteins. *Biochim. Biophys. Acta* 1607: 97–109.

Wheatley D. N. (2003) Diffusion, perfusion and the exclusion principles in the structural and functional organization of the living cell: reappraisal of the properties of the 'ground substance'. *J. Exp. Biol.* 206: 1955–1961.

Endosymbiose

Berry S. (2003) Endosymbiosis and the design of eukaryotic electron transport. *Biochim. Biophys. Acta* 1606: 57–72.
Bhattacharya D., Yoon H. S. und Hackett J. D. (2004) Photosynthetic eukaryotes unite: endosymbiosis connects the dots. *Bioessays* 26: 50–60.
Embley T. M. und Martin W. (2006) Eukaryotic evolution, changes and challenges. *Nature* 440: 623–630.
Martin W. und Koonin E. V. (2006) Introns and the origin of nucleus-cytosol compartmentalization. *Nature* 440: 41–45.
Rivera M. C. und Lake J. A. (2004) The ring of life provides evidence for a genome fusion origin of eukaryotes. *Nature* 431: 152–155.

Entstehung des Lebens

Berry S. (1997) «Biochemical Predestination» as Heuristic Principle for Understanding the Origin of Life. *J. Chem. Ed.* 74: 950–951.
Brasier M., Green O., Lindsay J. und Steele A. (2004) Earth's Oldest (~ 3.5 Ga) Fossils and the 'Early Eden Hypothesis': Questioning the Evidence. *Orig. Life Evol. Biosphere* 34: 257–269.
de Duve C. (2006) *Singularities: Landmarks on the Pathways of Life*. Cambridge University Press, Cambridge.
Furnes H., Banerjee N. R., Muehlenbachs K., Staudigel H. und de Wit M. (2004) Early Life Recorded in Archean Pillow Lavas. *Science* 304: 578–581.
Hazen R. M. (2005) *Genesis: The Scientific Quest For Life's Origin*. Joseph Henry Press, Washington.
Huber C. und Wächtershäuser G. (2006) α-Hydroxy and α-Amino Acids Under Possible Hadean, Volcanic Origin-of-Life Conditions. *Science* 314: 630–632.
Moorbath S. (2005) Dating earliest life. *Nature* 434: 155.
Westall F. (2005) Life on the Early Earth: A Sedimentary View. *Science* 308: 366–367.

Enzyme

Eisenmesser E. Z., Millet O., Labeikovsky W., Korzhnev D. M., Wolf-Watz M. *et al.* (2005) Intrinsic dynamics of an enzyme underlies catalysis. *Nature* 438: 117–121.
Koshland D. E. (2004) Crazy, but correct. *Nature* 432: 447.

Masgrau L., Roujeinikova A., Johannissen L. O., Hothi P., Basran J. *et al.* (2006) Atomic Description of an Enzyme Reaction Dominated by Proton Tunneling. *Science* 312: 237–241.
Peterson M. E., Eisenthal R., Danson M. J., Spence A. und Daniel R. M. (2004) A New Intrinsic Thermal Parameter for Enzymes Reveals True Temperature Optima. *J. Biol. Chem.* 279: 20717–20722.
Wackett L. P. (2004) Evolution of enzymes for the metabolism of new chemical inputs into the environment. *J. Biol. Chem.* 279: 41259–41262.

Evolution

Berry S. (1995) Entropy, Irreversibility and Evolution. *J. theor. Biol.* 175: 197–202.
Ciccarelli F. D., Doerks T., von Mering C., Creevey C. J., Snel B. und Bork P. (2006) Toward Automatic Reconstruction of a Highly Resolved Tree of Life. *Science* 311: 1283–1287.
Goldblatt C., Lenton T. M. und Watson A. J. (2006) Bistability of atmospheric oxygen and the Great Oxidation. *Nature* 443: 683–686.
Kennedy M., Droser M., Mayer L. M., Pevear D. und Mrofka D. (2006) Late Precambrian Oxygenation; Inception of the Clay Mineral Factory. *Science* 311: 1446–1449.
Labandeira C. C. (2005) Invasion of the continents: cyanobacterial crusts to tree-inhabiting arthropods. *Trends Ecol. Evol.* 20: 253–262.
Mayr G., Pohl B. und Peters D. S. (2005) A Well-Preserved *Archaeopteryx* Specimen with Theropod Features. *Science* 310: 1483–1486.
Raymond J. und Segre D. (2006) The Effect of Oxygen on Biochemical Networks and the Evolution of Complex Life. *Science* 311: 1764–1767.
Robert F. und Chaussidon M. (2006) A palaeotemperature curve for the Precambrian oceans based on silicon isotopes in cherts. *Nature* 443: 969–972.
Swalla B. J. (2006) Building divergent body plans with similar genetic pathways. *Heredity* 97: 235–243.
Szathmáry E. (2006) A robust approach. *Nature* 439: 19–20.
«Time Machine» mit Informationen zur Erdgeschichte: http://www.ucmp.berkeley.edu/help/timeform.html
«Tree of Life Web Project» mit Informationen zu Stammbäumen: http://tolweb.org/tree/phylogeny.html

Flagellen und Typ-III-Sekretionssystem

Akeda Y. und Galan J. E. (2005) Chaperone release and unfolding of substrates in type III secretion. *Nature* 437: 911–915.
Marlovits T. C., Kubori T., Sukhan A., Thomas D. R., Galan J. E. *et al.*

(2004) Structural Insights into the Assembly of the Type III Secretion Needle Complex. *Science* 306: 1040–1042.
Murphy G. E., Leadbetter J. R. und Jensen G. J. (2006) In situ structure of the complete *Treponema primitia* flagellar motor. *Nature* 442: 1062–1064.
Mueller C. A., Broz P., Müller S. A., Ringler P., Erne-Brand F. *et al.* (2005) The V-Antigen of *Yersinia* Forms a Distinct Structure at the Tip of Injectisome Needles. *Science* 310: 674–676.
Sowa Y., Rowe A. D., Leake M. C., Yakushi T., Homma M. *et al.* (2005) Direct observation of steps in rotation of the bacterial flagellar motor. *Nature* 437: 916–919.
Yip C. K., Kimbrough T. G., Felise H. B., Vuckovic M., Thomas N. A. *et al.* (2005) Structural characterization of the molecular platform for type III secretion system assembly. *Nature* 435: 702–707.

Gifte und giftige Tiere

Breidenbach M. A. und Brunger A. T. (2005) 2.3 Å Crystal Structure of Tetanus Neurotoxin Light Chain. *Biochemistry* 44: 7450–7457.
Corpuz G. P., Jacobsen R. B., Jimenez E. C., Watkins M., Walker C. *et al.* (2005) Definition of the M-Conotoxin Superfamily: Characterization of Novel Peptides from Molluscivorous *Conus* Venoms. *Biochemistry* 44: 8176 -8186.
Dressler D. und Adib Saberi F. (2005) *Botulinum* toxin: mechanisms of action. *Eur. Neurol.* 53: 3–9.
Fry B. G., Vidal N., Norman J. A., Vonk F. J., Scheib H. *et al.* (2006) Early evolution of the venom system in lizards and snakes. *Nature* 439: 584–588.
Geffeney S. L., Fujimoto E., Brodie III E. D., Brodie Jr. E. D. und Ruben P. C. (2005) Evolutionary diversification of TTX-resistant sodium channels in a predator–prey interaction. *Nature* 434: 759–763.
Lange A., Giller K., Hornig S., Martin-Eauclaire M.-F., Pongs O. *et al.* (2006) Toxin-induced conformational changes in a potassium channel revealed by solid-state NMR. *Nature* 440: 959–962.
Terlau H. und Olivera B. M. (2004) Conus Venoms: A Rich Source of Novel Ion Channel-Targeted Peptides. *Physiol. Rev.* 84: 41–68.

Globine

Bentmann A., Schmidt M., Reuss S., Wolfrum U., Hankeln T. und Burmester T. (2005) Divergent Distribution in Vascular and Avascular Mammalian Retinae Links Neuroglobin to Cellular Respiration. *J. Biol. Chem.* 280: 20660–20665.
Berenbrink M., Koldkjaer P., Kepp O. und Cossins A.R. (2005) Evoluti-

on of Oxygen Secretion in Fishes and the Emergence of a Complex Physiological System. *Science* 307: 1752–1757.

Lecomte J. T., Vuletich D. A. und Lesk A. M. (2005) Structural divergence and distant relationships in proteins: evolution of the globins. *Curr. Opin. Struct. Biol.* 15: 290–301.

Matthews P. G. D. und Seymour R. S. (2006) Diving insects boost their buoyancy bubbles. *Nature* 441: 171.

Numoto N., Nakagawa T., Kita A., Sasayama Y., Fukumori Y. und Miki K. (2005) Structure of an extracellular giant hemoglobin of the gutless beard worm *Oligobrachia mashikoi*. *Proc. Natl. Acad. Sci. USA* 102: 14521–14526.

Wystub S., Ebner B., Fuchs C., Weich B., Burmester T. und Hankeln T. (2004) Interspecies comparison of neuroglobin, cytoglobin and myoglobin: sequence evolution and candidate regulatory elements. *Cytogenet. Genome Res.* 105: 65–78.

Membranen und Transport

Barritt G. und Rychkov G. (2005) TRPs as mechanosensitive channels. *Nat. Cell Biol.* 7: 105–107.

Cordero-Morales J. F., Cuello L. G. und Perozo E. (2006) Voltage-dependent gating at the KcsA selectivity filter. *Nature Structural & Molecular Biology* 13: 319–322.

Dawson R. J. P. und Locher K. P. (2006) Structure of a bacterial multidrug ABC transporter. *Nature* 443: 180–185.

Engelman D. M. (2005) Membranes are more mosaic than fluid. *Nature* 438: 578–580.

Gadsby D. C., Vergani P. und Csanády L. (2006) The ABC protein turned chloride channel whose failure causes cystic fibrosis. *Nature* 440: 477–483.

Gouaux E. und MacKinnon R. (2005) Principles of Selective Ion Transport in Channels and Pumps. *Science* 310: 1461–1465.

Holland I. B., Schmitt L. und Young J. (2005) Type 1 protein secretion in bacteria, the ABC-transporter dependent pathway. *Mol. Membr. Biol.* 22: 29–39.

Jentsch T. J., Maritzen T. und Zdebik A. A. (2005) Chloride channel diseases resulting from impaired transepithelial transport or vesicular function. *J. Clin. Invest.* 115: 2039–2046.

Murakami S., Nakashima R., Yamashita E., Matsumoto T. und Yamaguchi A. (2006) Crystal structures of a multidrug transporter reveal a functionally rotating mechanism. *Nature* 443: 173–179.

Obara K., Miyashita N., Xu C., Toyoshima I., Sugita Y. *et al.* (2005) Structural role of countertransport revealed in Ca^{2+} pump crystal structure in the absence of Ca^{2+}. *Proc. Natl. Acad. Sci. USA* 102: 14489–14496.

Seeger M. A., Schiefner A., Eicher T., Verrey F., Diederichs K. und Pos K. M. (2006) Structural Asymmetry of AcrB Trimer Suggests a Peristaltic Pump Mechanism. *Science* 313: 1295–1298.

Törnroth-Horsefield S., Wang Y., Hedfalk K., Johanson U., Karlsson M. *et al.* (2006) Structural mechanism of plant aquaporin gating. *Nature* 439: 688–694.

Wickner W. und Schekman R. (2005) Protein Translocation Across Biological Membranes. *Science* 310: 1452–1456.

Zakon H. H., Lu Y., Zwickl D. J. und Hillis D. M. (2006) Sodium channel genes and the evolution of diversity in communication signals of electric fishes: Convergent molecular evolution. *Proc. Natl. Acad. Sci. USA* 103: 3675–3680.

Mitochondrien

Belevich I., Verkhovsky M. I. und Wikström M. (2006) Proton-coupled electron transfer drives the proton pump of cytochrome c oxidase. *Nature* 440: 829–832.

Brookes P.S. (2005) Mitochondrial H^+ leak and ROS generation: an odd couple. *Free Radic. Biol. Med.* 38: 12–23.

DiMauro S. (2004) Mitochondrial diseases. *Biochim. Biophys. Acta* 1658: 80–88.

Dolezal P., Likic V., Tachezy J. und Lithgow T. (2006) Evolution of the Molecular Machines for Protein Import into Mitochondria. *Science* 313: 314–318.

Faxén K., Gilderson G., Adelroth P. und Brzezinski P. (2005) A mechanistic principle for proton pumping by cytochrome *c* oxidase. *Nature* 437: 286–289.

Frey T. G., Perkins G. A. und Ellisman M. H. (2006) Electron Tomography of Membrane-Bound Cellular Organelles. *Ann. Rev. Biophys. Biomol. Struct.* 35: 199–224. Dazu die Homepage http://www.sci.sdsu.edu/TFrey/TFrey.html

James A. M., Cochemé H. M., Smith R. A. J. und Murphy M. P. (2005) Interactions of Mitochondria-targeted and Untargeted Ubiquinones with the Mitochondrial Respiratory Chain and Reactive Oxygen Species: Implications for the Use of Exogenous Ubiquinones as Therapies and Experimental Tools. *J. Biol. Chem.* 280: 21295–21312.

Karbowski M., Norris K. L., Cleland M. M., Jeong S.-Y. und Youle R. J. (2006) Role of Bax and Bak in mitochondrial morphogenesis. *Nature* 443: 658–662.

López-Lluch G., Hunt N., Jones B., Zhu M., Jamieson H. *et al.* (2006) Calorie restriction induces mitochondrial biogenesis and bioenergetic efficiency. *Proc. Natl. Acad. Sci. USA* 103: 1768–1773.

Vyshkina T., Banisor I., Shugart Y., Leist T. und Kalman B. (2005) Genetic variants of Complex I in multiple sclerosis. *J. Neurol. Sci.* 228: 55–64.

Molekulare Maschinen und Nanotechnik

Baumeister W. (2005) A voyage to the inner space of cells. *Protein Sci.* 14: 257–269.

Chemla Y. R., Aathavan K., Michaelis J., Grimes S., Jardine P. J. *et al.* (2005) Mechanism of Force Generation of a Viral DNA Packaging Motor. *Cell* 122: 683–692. Dazu die Homepage http://alice.berkeley.edu/

Diehl M. R., Zhang K., Lee H. J. und Tirrell D. A. (2006) Engineering Cooperativity in Biomotor-Protein Assemblies. *Science* 311: 1468–1471.

Ebron V. H., Yang Z., Seyer D. J., Kozlov M. E., Oh J. *et al.* (2006) Fuel-Powered Artificial Muscles. *Science* 311: 1580–1583.

Jiang W., Chang J., Jakana J., Weigele P., King J. und Chiu W. (2006) Structure of epsilon15 bacteriophage reveals genome organization and DNA packaging/injection apparatus. *Nature* 439: 612–616.

Kinbara K. und Aida T. (2005) Toward intelligent molecular machines: directed motions of biological and artificial molecules and assemblies. *Chem. Rev.* 105: 1377–1400.

Magnasco M. O. (1993) Forced thermal ratchets. *Phys. Rev. Lett.* 71: 1477–1481.

Marden J. H. und Allen L. R. (2002) Molecules, muscles, and machines: Universal performance characteristics of motors. *Proc. Natl. Acad. Sci. USA* 99: 4161–4166.

Maynard A. D., Aitken R. J., Butz T., Colvin V., Donaldson K. *et al.* (2006) Safe handling of nanotechnology. *Nature* 444: 267–269.

Nel A., Xia T., Madler L. und Li N. (2006) Toxic Potential of Materials at the Nanolevel. *Science* 311: 622–627.

Rothemund P. W. K. (2006) Folding DNA to create nanoscale shapes and patterns. *Nature* 440: 297–302.

Schuwirth B. S., Borovinskaya M. A., Hau C. W., Zhang W., Vila-Sanjurjo A. *et al.* (2005) Structures of the Bacterial Ribosome at 3.5 Å Resolution. *Science* 310: 827–834.

Seeman N. C. (2005) From genes to machines: DNA nanomechanical devices. *Trends Biochem. Sci.* 30: 119–125.

Vicario J., Katsonis N., Ramon B.S., Bastiaansen C. W. M., Broer D. J.

und Feringa B. L. (2006) Nanomotor rotates microscale objects. *Nature* 440: 163.

Muskeln

Chung Y., Mole P. A., Sailasuta N., Tran T. K., Hurd R. und Jue T. (2005) Control of respiration and bioenergetics during muscle contraction. *Am. J. Physiol. Cell Physiol.* 288: C730–738.

Dickinson M., Farman G., Frye M., Bekyarova T., Gore D. *et al.* (2005) Molecular dynamics of cyclically contracting insect flight muscle in vivo. *Nature* 433: 330–334.

Hooper S. L. und Thuma J. B. (2005) Invertebrate Muscles: Muscle Specific Genes and Proteins. *Physiol. Rev.* 85: 1001–1060.

Kad N. M., Kim S., Warshaw D. M., VanBuren P. und Baker J. E. (2005) Single-myosin crossbridge interactions with actin filaments regulated by troponin-tropomyosin. *Proc. Natl. Acad. Sci. USA* 102: 16990–16995.

Malmqvist U. P., Aronshtam A. und Lowey S. (2004) Cardiac Myosin Isoforms from Different Species Have Unique Enzymatic and Mechanical Properties. *Biochemistry* 43: 15058–15065.

Patchell V. B., Gallon C. E., Evans J. S., Gao Y., Perry S. V. und Levine B. A. (2005) The regulatory effects of tropomyosin and troponin-1 on the interaction of myosin loop regions with F-actin. *J. Biol. Chem.* 280: 14469–14475.

Saks V., Dzeja P., Schlattner U., Vendelin M., Terzic A. *et al.* (2006) Cardiac system bioenergetics: metabolic basis of the Frank-Starling law. *J. Physiol. (Lond.)* 571: 253–273.

Smith N. P., Barclay C. J. und Loiselle D. S. (2005) The efficiency of muscle contraction. *Prog. Biophys. Mol. Biol.* 88: 1–58.

Woodhead J. L., Zhao F.-Q., Craig R., Egelman E. H., Alamo L. und Padrón R. (2005) Atomic model of a myosin filament in the relaxed state. *Nature* 436: 1195–1199.

Nerven

George Jr. A. L. (2005) Inherited disorders of voltage-gated sodium channels. *J. Clin. Invest.* 115: 1990–1999.

Geschichte der neurobiologischen Forschung: http://faculty.washington.edu/chudler/hist.html

Hermanussen M. und Tresguerres J. (2005) How much glutamate is toxic in paediatric parenteral nutrition? *Acta Paediatr.* 94: 16–19.

Lee W. Y. und Sine S. M. (2005) Principal pathway coupling agonist binding to channel gating in nicotinic receptors. *Nature* 438: 243–247.

Long S. B., Campbell E. B. und MacKinnon R. (2005) Crystal Structure of a Mammalian Voltage-Dependent Shaker Family K^+ Channel. *Science* 309: 897–903.

Mayer M. L. (2006) Glutamate receptors at atomic resolution. *Nature* 440: 456–462.

Naundorf B., Wolf F. und Volgushev M. (2006) Unique features of action potential initiation in cortical neurons. *Nature* 440: 1060–1063.

Rizzoli S. O. und Betz W. J. (2005) Synaptic vesicle pools. *Nat. Rev. Neurosci.* 6: 57–69.

Saviane C. und Silver R. A. (2006) Fast vesicle reloading and a large pool sustain high bandwidth transmission at a central synapse. *Nature* 439: 983–987.

Shu Y., Hasenstaub A., Duque A., Yu Y. und McCormick D. A. (2006) Modulation of intracortical synaptic potentials by presynaptic somatic membrane potential. *Nature* 441: 761–765.

Sine S. M. und Engel A. G. (2006) Recent advances in Cys-loop receptor structure and function. *Nature* 440: 448–455.

Yamashita A., Singh S. K., Kawate T., Jin Y. und Gouaux E. (2005) Crystal structure of a bacterial homologue of Na^+/Cl^--dependent neurotransmitter transporters. *Nature* 437: 215–223.

Neurodegenerative Erkrankungen

Blanchard B. J., Chen A., Rozeboom L. M., Stafford K. A., Weigele P. und Ingram V.M. (2004) Efficient reversal of Alzheimer's disease fibril formation and elimination of neurotoxicity by a small molecule. *Proc. Natl. Acad. Sci. USA* 101: 14326–14332.

Lansbury P. T. und Lashuel H. A. (2006) A century-old debate on protein aggregation and neurodegeneration enters the clinic. *Nature* 443: 774–779.

Lesné S., Koh M. T., Kotilinek L., Kayed R., Glabe C. G. *et al.* (2006) A specific amyloid-β protein assembly in the brain impairs memory. *Nature* 440: 352–357.

Lin M. T. und Beal M. F. (2006) Mitochondrial dysfunction and oxidative stress in neurodegenerative diseases. *Nature* 443: 787–795.

Pallanck L. und Greenamyre J. T. (2006) Pink, parkin and the brain. *Nature* 441: 1058.

Parker W. und Parks J. (2005) Mitochondrial ND5 mutations in idiopathic Parkinson's disease. *Biochem. Biophys. Res. Commun.* 326: 667–669.

Selkoe D. J. (2004) Cell biology of protein misfolding: The examples of Alzheimer's and Parkinson's diseases. *Nature Cell Biol.* 6: 1054–1061.

Stokin G. B., Lillo C., Falzone T. L., Brusch R. G., Rockenstein E. *et al.*

(2005) Axonopathy and Transport Deficits Early in the Pathogenesis of Alzheimer's Disease. *Science* 307: 1282–1288.

Photosynthese

Adir N. (2005) Elucidation of the molecular structures of components of the phycobilisome: reconstructing a giant. *Photosynth. Res.* 85: 15–32.
Dekker J. P. und Boekema E. J. (2005) Supramolecular organization of thylakoid membrane proteins in green plants. *Biochim. Biophys. Acta* 1706: 12–39.
Gest H. (2000) Bicentenary homage to Dr Jan Ingen-Housz, MD (1730–1799), pioneer of photosynthesis research. *Photosynth. Res.* 63: 183–1900.
Griffiths H. (2006) Designs on Rubisco. *Nature* 441: 940–941.
Grotjohann I. und Fromme P. (2005) Structure of cyanobacterial Photosystem I. *Photosynth. Res.* 85: 51–72.
Horton P. und Ruban A. (2005) Molecular design of the photosystem II light-harvesting antenna: photosynthesis and photoprotection. *J. Exp. Bot.* 56: 365–373.
Howe C. J., Schlarb-Ridley B. G., Wastl J., Purton S. und Bendall D. S. (2006) The novel cytochrome c_6 of chloroplasts: a case of evolutionary bricolage? *J. Exp. Bot.* 57: 13–22.
Loll B., Kern J., Saenger W., Zouni A. und Biesiadka J. (2005) Towards complete cofactor arrangement in the 3.0 Å resolution structure of photosystem II. *Nature* 438: 1040–1044.
Mix L. J., Haig D. und Cavanaugh C. M. (2005) Phylogenetic Analyses of the Core Antenna Domain: Investigating the Origin of Photosystem I. *J. Mol. Evol.* 60: 153–163.
Melis A., Seibert M. und Happe T. (2004) Genomics of green algal hydrogen research. *Photosynth. Res.* 82: 277–288.
Nelson N. und Ben-Shem A. (2004) The complex architecture of oxygenic photosynthesis. *Nat. Rev. Mol. Cell Biol.* 5: 971–982.
Witt H. T. (2004) Steps on the way to building blocks, topologies, crystals and X-ray structural analysis of Photosystems I and II of water-oxidizing photosynthesis. *Photosynth. Res.* 80: 85–107.

Proteinstrukturen

Acharya K. und Lloyd M. (2005) The advantages and limitations of protein crystal structures. *Trends Pharmacol. Sci.* 26: 10–14.
Carugo O. und Djinović Carugo K. (2005) When X-rays modify the protein structure: radiation damage at work. *Trends Biochem. Sci.* 30: 213–219.
Cheung M. S., Klimov D. und Thirumalai D. (2005) Molecular crowd-

ing enhances native state stability and refolding rates of globular proteins. *Proc. Natl. Acad. Sci. USA* 102: 4753–4758.

Fowler D., Koulov A., Alory-Jost C., Marks M., Balch W. und Kelly J. (2005) Functional Amyloid Formation within Mammalian Tissue. *PLoS Biol.* 4: e6.

Frauenfelder H., Fenimore P. W., Chen G. und McMahon B. H. (2006) Protein folding is slaved to solvent motions. *Proc. Natl. Acad. Sci. USA* 103: 15469–15472.

Maity H., Maity M., Krishna M. M. G., Mayne L. und Englander S. W. (2005) Protein folding: The stepwise assembly of foldon units. *Proc. Natl. Acad. Sci. USA* 102: 4741–4746.

Özcan U., Yilmaz E., Özcan L., Furuhashi M., Vaillancourt E. *et al.* (2006) Chemical Chaperones Reduce ER Stress and Restore Glucose Homeostasis in a Mouse Model of Type 2 Diabetes. *Science* 313: 1137–1140.

Orengo C. A. und Thornton J. M. (2005) Protein families and their evolution – a structural perspective. *Annu. Rev. Biochem.* 74: 867–900.

Protein Data Bank: http://www.rcsb.org/pdb/home/home.do

Rapp M., Granseth E., Seppälä S. und Heijne G. v. (2006) Identification and evolution of dual-topology membrane proteins. *Nature Struct. Mol. Biol.* 13: 112–116.

«Rasmol», Freeware zur Darstellung von Strukturen: http://www.biologie.uni-hamburg.de/b-online/ibc99/martz/

Sadqi M., Fushman D. und Muñoz V. (2006) Atom-by-atom analysis of global downhill protein folding. *Nature* 442: 317–321.

Weinreich D. M., Delaney N. F., DePristo M. A. und Hartl D. L. (2006) Darwinian Evolution Can Follow Only Very Few Mutational Paths to Fitter Proteins. *Science* 312: 111–114.

Retinalproteine

Balashov S. P., Imasheva E. S., Boichenko V. A., Anton J., Wang J. M. und Lanyi J. K. (2005) Xanthorhodopsin: A Proton Pump with a Light-Harvesting Carotenoid Antenna. *Science* 309: 2061–2064.

Frigaard N.-U., Martinez A., Mincer T. J. und DeLong E. F. (2006) Proteorhodopsin lateral gene transfer between marine planktonic Bacteria and Archaea. *Nature* 439: 847–850.

Moukhametzianov R., Klare J. P., Efremov R., Baeken C., Göppner A. *et al.* (2006) Development of the signal in sensory rhodopsin and its transfer to the cognate transducer. *Nature* 440: 115–119.

Panda S., Nayak S. K., Campo B., Walker J. R., Hogenesch J. B. und Jegla T. (2005) Illumination of the Melanopsin Signaling Pathway. *Science* 307: 600–604.

Schmidt B., Sobotta C., Heinz B., Laimgruber S., Braun M. und Gilch P. (2005) Excited-state dynamics of bacteriorhodopsin probed by broadband femtosecond fluorescence spectroscopy. *Biochim. Biophys. Acta* 1706: 163–173.

Waschuk S. A., Bezerra Jr. A. G., Shi L. und Brown L. S. (2005) *Leptosphaeria* rhodopsin: Bacteriorhodopsin-like proton pump from a eukaryote. *Proc. Natl. Acad. Sci. USA* 102: 6879–6883.

Sehvorgang

Falciatore A. und Bowler C. (2005) The evolution and function of blue and red light photoreceptors. *Curr. Top. Dev. Biol.* 68: 317–350.

Fernald R. D. (2006) Casting a Genetic Light on the Evolution of Eyes. *Science* 313: 1914–1918.

Isayama T., Alexeev D., Makino C. L., Washington I., Nakanishi K. *et al.* (2006) An accessory chromophore in red vision. *Nature* 443: 649.

Kusnetzow A. K., Dukkipati A., Babu K. R., Ramos L., Knox B. E. und Birge R. R. (2004) Vertebrate ultraviolet visual pigments: Protonation of the retinylidene Schiff base and a counterion switch during photoactivation. *Proc. Natl. Acad. Sci. USA* 101: 941–946.

Regan B. C., Julliot C., Simmen B., Viénot F., Charles-Dominique P. und Mollon J. D. (2001) Fruits, foliage and the evolution of primate colour vision. *Phil. Trans. R. Soc. Lond. B* 356: 229–283.

Patel A. B., Crocker E., Eilers M., Hirshfeld A., Sheves M. und Smith S. O. (2004) Coupling of retinal isomerization to the activation of rhodopsin. *Proc. Natl. Acad. Sci. USA* 101: 10048–10053.

Sommer M. E., Smith W. C. und Farrens D. L. (2005) Dynamics of Arrestin-Rhodopsin Interactions: Arrestin and Retinal Release Are Directly Linked Events. *J. Biol. Chem.* 280: 6861–6871.

Su C.-Y., Luo D.-G., Terakita A., Shichida Y., Liao H.-W. *et al.* (2006) Parietal-Eye Phototransduction Components and Their Potential Evolutionary Implications. *Science* 311: 1617–1621.

Wernet M. F., Mazzoni E. O., Celik A., Duncan D. M., Duncan I. und Desplan C. (2006) Stochastic spineless expression creates the retinal mosaic for colour vision. *Nature* 440: 174–180.

Signalkaskaden und Verstärker

Assmann S. M. (2005) G Proteins Go Green: A Plant G Protein Signaling FAQ Sheet. *Science* 310: 71–73.

Austin D. W., Allen M. S., McCollum J. M., Dar R. D., Wilgus J. R. *et al.* (2006) Gene network shaping of inherent noise spectra. *Nature* 439: 608–611.

Cai L., Friedman N. und Xie X. S. (2006) Stochastic protein expression in individual cells at the single molecule level. *Nature* 440: 358–362.

Colman-Lerner A., Gordon A., Serra E., Chin T., Resnekov O. *et al.* (2005) Regulated cell-to-cell variation in a cell-fate decision system. *Nature* 437: 699–706.

Eisner D. A., Diaz M. E., Li Y., O'Neill S. C. und Trafford A. W. (2005) Stability and instability of regulation of intracellular calcium. *Exp. Physiol.* 90: 3–12.

Lefkowitz R. J. und Shenoy S. K. (2005) Transduction of Receptor Signals by β-Arrestins. *Science* 308: 512–517.

Oldham W. M., Van Eps N., Preininger A. M., Hubbell W. L. und Hamm H. E. (2006) Mechanism of the receptor-catalyzed activation of heterotrimeric G proteins. *Nature Struct. Mol. Biol.* 13: 772–777.

Raser J. M. und O'Shea E. K. (2005) Noise in Gene Expression: Origins, Consequences, and Control. *Science* 309: 2010–2013.

Shemarova I. V. und Nesterov V. P. (2005) Evolution of mechanisms of Ca^{2+}-signaling: Role of calcium ions in signal transduction in prokaryotes. *J. Evol. Biochem. Physiol.* 41: 12–19.

White M. A. und Anderson R. G. (2005) Signaling networks in living cells. *Annu. Rev. Pharmacol. Toxicol.* 45: 587–603.

Ursprung des Menschen

Brumm A., Aziz F., van den Bergh G. D., Morwood M. J., Moore M. W. *et al.* (2006) Early stone technology on Flores and its implications for *Homo floresiensis*. *Nature* 441: 624–628.

Cheng Z., Ventura M., She X., Khaitovich P., Graves T. *et al.* (2005) A genome-wide comparison of recent chimpanzee and human segmental duplications. *Nature* 437: 88–93.

Goldberg A., Wildman D. E., Schmidt T. R., Hüttemann M., Goodman M. *et al.* (2003) Adaptive evolution of cytochrome *c* oxidase subunit VIII in anthropoid primates. *Proc. Natl. Acad. Sci. USA* 100: 5873–5878.

Hill R. S. und Walsh C. A. (2005) Molecular insights into human brain evolution. *Nature* 437: 64–67.

Jacob T., Indriati E., Soejono R. P., Hsü K., Frayer D. W. *et al.* (2006) Pygmoid Australomelanesian *Homo sapiens* skeletal remains from Liang Bua, Flores: Population affinities and pathological abnormalities. *Proc. Natl. Acad. Sci. USA* 103: 13421–13426.

Kivisild T., Shen P., Wall D. P., Do B., Sung R. *et al.* (2006) The Role of Selection in the Evolution of Human Mitochondrial Genomes. *Genetics* 172: 373–387.

Magalhães J. (2005) Human Disease-Associated Mitochondrial Mutations Fixed in Nonhuman Primates. *J. Mol. Evol.* 61: 491–497.

Morwood M. J., Brown P., Jatmiko, Sutikna T., Wahyu Saptomo E. *et al.* (2005) Further evidence for small-bodied hominins from the Late Pleistocene of Flores, Indonesia. *Nature* 437: 1012–1017.

Stedman H. H., Kozyak B. W., Nelson A., Thesier D. M., Su L. T. *et al.* (2004) Myosin gene mutation correlates with anatomical changes in the human lineage. *Nature* 428: 415–418.

Warmblüter und «Energieverschwendung»

Bernal D., Donley J. M., Shadwick R. E. und Syme D. A. (2005) Mammal-like muscles power swimming in a cold-water shark. *Nature* 437: 1349–1352.

Klaus S., Rudolph B., Dohrmann C. und Wehr R. (2005) Expression of uncoupling protein 1 (UCP1) in skeletal muscle decreases muscle energy efficiency and affects thermoregulation and substrate oxidation. *Physiol. Genomics*: 00299.2004.

McDonald A. und Vanlerberghe G. (2004) Branched mitochondrial electron transport in the Animalia: presence of alternative oxidase in several animal phyla. *IUBMB Life* 56: 333–341.

Mogensen M., Bagger M., Pedersen P. K., Fernström M. und Sahlin K. (2006) Cycling efficiency in humans is related to low UCP3 content and to type I fibres but not to mitochondrial efficiency. *J. Physiol. (Lond.)* 571: 669–681.

O'Connor P. M. und Claessens L. P. A. M. (2005) Basic avian pulmonary design and flow-through ventilation in non-avian theropod dinosaurs. *Nature* 436: 253–256.

Scantlebury M., Speakman J.R., Oosthuizen M.K., Roper T.J. und Bennett N. C. (2006) Energetics reveals physiologically distinct castes in a eusocial mammal. *Nature* 440: 795–797.

Sell H., Deshaies Y. und Richard D. (2004) The brown adipocyte: update on its metabolic role. *Int. J. Biochem. Cell Biol.* 36: 2098–2104.

Seymour R. S. (2001) Biophysics and Physiology of Temperature Regulation in Thermogenic Flowers. *Biosci. Reports* 21: 223–236. Speziell zu Victoriaseerosen auch empfehlenswert: http://www.victoria-adventure.org/index.html

Weng K. C., Castilho P. C., Morrissette J. M., Landeira-Fernandez A. M., Holts D. B. *et al.* (2005) Satellite Tagging and Cardiac Physiology Reveal Niche Expansion in Salmon Sharks. *Science* 310: 104–106.

Wasser

Chandler D. (2005) Interfaces and the driving force of hydrophobic assembly. *Nature* 437: 640–647.

Cowan M. L., Bruner B. D., Huse N., Dwyer J. R., Chugh B. *et al.* (2005) Ultrafast memory loss and energy redistribution in the hydrogen bond network of liquid H_2O. *Nature* 434: 199–202.

Laage D. und Hynes J. T. (2006) A Molecular Jump Mechanism of Water Reorientation. *Science* 311: 832–835.

Lin J., Balabin I. A. und Beratan D. N. (2005) The Nature of Aqueous Tunneling Pathways Between Electron-Transfer Proteins. *Science* 310: 1311–1313.

Kyte J. (2003) The basis of the hydrophobic effect. *Biophys. Chem.* 100: 193–203.

Meyer E. E., Rosenberg K. J. und Israelachvili J. (2006) Recent progress in understanding hydrophobic interactions. *Proc. Natl. Acad. Sci. USA* 103: 15739–15746.

«Mysteries of Water», eine Website über eine rätselhafte Substanz: http://www.psc.edu/science/Jordan/Jordan.html

Smith J. D., Cappa C. D., Wilson K. R., Cohen R. C., Geissler P. L. und Saykally R. J. (2005) Unified description of temperature-dependent hydrogen-bond rearrangements in liquid water. *Proc. Natl. Acad. Sci. USA* 102: 14171–14174.

Snir Y. und Kamien R. D. (2005) Entropically Driven Helix Formation. *Science* 307: 1067.

Wirkungsgrade und Kopplung von Prozessen

Gnaiger E. (1983) Heat dissipation and energetic efficiency in animal anoxibiosis: economy contra power. *J. exp. Zool.* 228: 471–490.

Helling R. B. (2002) Speed versus Efficiency in Microbial Growth and the Role of Parallel Pathways. *J. Bacteriol.* 184: 1041–1045.

Kedem O. und Caplan S. R. (1965) Degree of coupling and its relation to efficiency of energy conversion. *Trans. Faraday Soc.* 21: 1897–1911.

LaVan D. A. und Cha J. N. (2006) Approaches for biological and biomimetic energy conversion. *Proc. Natl. Acad. Sci. USA* 103: 5251–5255.

Stucki J. W. (1980) The Optimal Efficiency and the Economic Degrees of Coupling of Oxidative Phosphorylation. *Eur. J. Biochem.* 109: 269–283.

Zellskelett

Bridgman P. C. (2004) Myosin-dependent transport in neurons. *J. Neurobiol.* 58: 164–174.

Broadhead R., Dawe H. R., Farr H., Griffiths S., Hart S. R. *et al.* (2006) Flagellar motility is required for the viability of the bloodstream trypanosome. *Nature* 440: 224–227.
Carter N. J. und Cross R. A. (2005) Mechanics of the kinesin step. *Nature* 435: 308–312.
Glotzer M. (2005) The Molecular Requirements for Cytokinesis. *Science* 307: 1735–1739.
Kerssemakers J. W. J., Laura Munteanu E., Laan L., Noetzel T. L., Janson M.E. und Dogterom M. (2006) Assembly dynamics of microtubules at molecular resolution. *Nature* 442: 709–712.
Medalia O., Weber I., Frangakis A. S., Nicastro D., Gerisch G. und Baumeister W. (2002) Macromolecular Architecture in Eukaryotic Cells Visualized by Cryoelectron Tomography. *Science* 298: 1209–1213.
Nicastro D., Schwartz C., Pierson J., Gaudette R., Porter M. E. und McIntosh J. R. (2006) The Molecular Architecture of Axonemes Revealed by Cryoelectron Tomography. *Science* 313: 944–948.
Richards T. A. und Cavalier-Smith T. (2005) Myosin domain evolution and the primary divergence of eukaryotes. *Nature* 436: 1113–1118.
Spéder P., Ádám G. und Noselli S. (2006) Type ID unconventional myosin controls left-right asymmetry in *Drosophila. Nature* 440: 803–807.
Winder S. J. und Ayscough K. R. (2005) Actin-binding proteins. *J. Cell Sci.* 118: 651–654.

Verwendete Strukturdaten

Die Modelle von Proteinstrukturen, die in etlichen Abbildungen des Buches zu sehen sind, basieren auf den frei zugänglichen Daten der *Protein Data Bank* (PDB, Link siehe oben). Diese Datenbank wird von mehreren amerikanischen Institutionen gemeinsam betrieben; sie wird ständig von Forschergruppen aus aller Welt mit neuen Datensätzen gefüttert und enthält auch die Nachweise, wo und von wem die betreffenden Daten veröffentlicht wurden. Für drei Proteinkomplexe aus Abbildung 8.2/8.3 gab es noch keine detaillierten Strukturen, deshalb habe ich verwandte Komplexe als Modell herangezogen. Im Einzelnen wurden folgende Strukturen verwendet (*PDB Access Codes*): Kapitel 2 – Portal Motor Connector Protein *1jnb*; Prohead RNA *1foq*; DNA *141d*. Kapitel 3 – Myoglobin *1mbn*; Hämoglobin *1hho*. Kapitel 4

– KcsA *1k4c*; Ca^{2+}-ATPase E1 *1su4*; E2 *1iwo*. Kapitel 5 – Komplex I *2fug* (hydrophile Domäne von NDH-1 aus *Th. thermophilus*); Komplex II *1nek*; Ubichinon *u10*; Komplex III *1ntm*; Cytochrom *c 1hrc*; Komplex IV *2occ*; Komplex V *1qo1*. Kapitel 6 – PS II *1s5l*; Plastochinon *pl9*; Cytochrom-b_6f-Komplex *1q90*; Plastocyanin *lag6*; PS I *1jb0* in Abbildung 6.2 und *1qzv* in Abbildung 6.3; ATP-Synthase *1qo1*; Bacteriorhodopsin *1c3w*. Kapitel 7 – Kinesin *3kin*; Myosin *1fmw*. Kapitel 8 – Rhodopsin *1gzm*; Calciumkanal *2a79* (Shaker Kv1.2 als Modell); K^+-Na^+-Ca^{2+}-Exchanger *1pv6* (Glycerol-3-Phosphat-Transporter als Modell); K^+-Na^+-ATPase *1su4* (Ca-ATPase als Modell). Kapitel 9 – nikotinischer Acetylcholin-Rezeptor *2bg9*.

Die Computersimulation von Membranlipiden in Abbildung 3.7 basiert auf der Veröffentlichung Heller H., Schaefer M. und Schulten K. (1993) Molecular dynamics simulation of a bilayer of 200 lipids in the gel and in the liquid-crystal phases. *J. Phys. Chem.* 97: 8343-8360.

Bildnachweis

Abbildung 2.8: Wolfgang Baumeister/Science Magazine. Reprinted with permission from Medalia, O., et al. (2002), Macromolecular Architecture in Eukaryotic Cells Visualized by Cryoelectron Tomography. *Science*, Vol. 298, pages 1209–1213. Copyright 2002 AAAS.

Abbildung 5.1 unten: Terrence Frey (SDSU) & Guy Perkins (UCSD)/ Elsevier. Reprinted from *Trends in Biochemical Sciences*, Vol. 25, T. G. Frey and C. A. Manella, The internal structure of mitochondria, Pages 319–324. Copyright 2000, with permission from Elsevier.

Abbildung 6.1: Jochen Golecki, Freiburg.

Abbildung 10.1: Kit Knotts, Cocoa Beach (FL).

Abbildung 10.2: Anderson Yang/Institute of Vertebrate Paleontology and Paleoanthropology, CAS, Beijing.

Alle anderen Abbildungen stammen vom Autor.

Register